普通高等教育规划教材

化学工程与工艺专业实验教程

冯雪兰　任永胜　主编

化学工业出版社

·北京·

内容提要

《化学工程与工艺专业实验教程》介绍了化工专业实验的研究方法、化工专业实验在线分析仪表、化工专业实验安全知识；精选了九个专业实验实例，包括四个基础数据测定实验（二元系统气液平衡数据测定、三元液液平衡数据测定、液液传质系数测定及固体小球对流传热系数测定）、两个化工分离工程实验（碳分子筛变压吸附制备高纯氮、反应精馏）、一个化工工艺实验（一氧化碳中低温变换）、两个化学反应工程实验（连续流动反应器的返混测定综合实验、固定床仿真）。本书突出工程观念，注重理论联系实际，强调实验安全。

本书可作为高等院校化学工程与工艺专业的化工专业实验指导书，也可供从事化学工程、化工设备和化工企业的工程技术人员参考。

图书在版编目（CIP）数据

化学工程与工艺专业实验教程/冯雪兰，任永胜主编．—北京：化学工业出版社，2020.9

普通高等教育规划教材

ISBN 978-7-122-37270-3

Ⅰ.①化… Ⅱ.①冯…②任… Ⅲ.①化学工程-化学实验-高等学校-教材 Ⅳ.①TQ016

中国版本图书馆 CIP 数据核字（2020）第 112810 号

责任编辑：旷英姿　　文字编辑：林　丹　段曰超

责任校对：边　涛　　装帧设计：王晓宇

出版发行：化学工业出版社（北京市东城区青年湖南街 13 号　邮政编码 100011）

印　　装：北京虎彩文化传播有限公司

787mm×1092mm　1/16　印张 5¾　字数 114 千字　　2020 年 9 月北京第 1 版第 1 次印刷

购书咨询：010-64518888　　售后服务：010-64518899

网　　址：http://www.cip.com.cn

凡购买本书，如有缺损质量问题，本社销售中心负责调换。

定　　价：20.00 元

前言

化学工程与工艺专业实验是培养化工专业人才的重要实践环节，该课程是在学生已经具备基础实验能力，并学习完“三传一反”理论课程后，开设的一门专业性较强的实验课程。内容涵盖了化学工程与工艺专业的六门专业主干课程的知识，即化工热力学、反应工程、化工传递过程原理、分离工程、化工工艺、工业催化，旨在培养学生掌握化工过程开发的研究方法和实验手段，培养学生的专业综合思维能力和实践能力。

本书作为化学工程与工艺专业实验教材，突出工程观念，注重理论联系实际，强调实验安全。全书共分为四章，第 1 章介绍化工专业实验的研究方法，第 2 章介绍化工专业实验在线分析仪表，第 3 章介绍化工专业实验安全知识，第 4 章介绍精选的九个专业实验实例。

本书由冯雪兰统稿。其中，第 1 章、第 2 章、第 3 章、第 4 章的实验五和实验八由冯雪兰编写；第 4 章的实验一和实验七由刘春宁编写，实验二由方芬编写，实验三由任永胜编写，实验四由麻晓霞编写，实验六由王乃良编写，实验九由范辉编写。本书编写过程中得到了宁夏大学化学化工学院其他教师与实验技术人员的大力支持，在此一并表示衷心感谢。

本书的出版得到了宁夏大学“双一流”学科建设项目(化学工程与技术)、宁夏回族自治区一流基层教学组织(化学工程教研室)项目的资助，同时获得了化学国家基础实验教学示范中心(宁夏大学)、省部共建煤炭高效利用与绿色化工国家重点实验室、宁夏大学化学化工学院和化学工业出版社等单位的大力支持，在此致以诚挚的谢意。

由于编者水平有限，书中疏漏和不妥之处在所难免，恳请读者批评指正。

编　者

2020 年 5 月

目录

第 1 章　化工专业实验的研究方法

与其他工程学科相比，化学工程所面临的实际问题更为复杂，主要表现为：①工程涉及千变万化的物理化学性质和种类繁多的设备形式；②过程进行的几何边界如设备壁面、催化剂的孔道十分复杂；③三传（动量传递、热量传递、质量传递）和化学反应以多种形式同时存在，相互影响。

化学工程研究对象的复杂性，使得解析方法在化学工程中的应用往往很有限。长期以来，化学工程更多地依赖于实验研究而不是纯理论的方法。

用于化学工程的研究方法主要有量纲分析和相似论方法，这两种方法的特点是将影响过程的众多变量通过相似变换或量纲分析归纳成无量纲数群的形式来表达，可使实验工作大为简化。比如表征流体流动情况的雷诺数，对流换热强度的努塞尔数，内扩散过程对化学反应影响的西勒模数等。量纲分析和相似论方法主要用于传递过程和单元操作的实验研究，对化学工程学科的形成和发展起到重大作用，至今在工程学科的研究中有着广泛的应用。

对于同时存在化学反应和传递过程的反应过程，可首先对实际过程做出合理的简化，然后进行数学描述，再通过实验求取模型参数，并对模型的适用性进行验证，这种研究方法称为数学模型方法。实际上，数学模型方法在单元操作的研究中早已有所应用，但自觉、系统地应用则始于化学反应工程，目前已被广泛用于化学工程其他领域。

数学模型方法用于化工过程开发和放大时，其步骤通常是：①将过程分解为若干子过程，如将反应过程分解为化学反应和各种传递过程；②分别研究各子过程的规律并建立数学模型，如反应动力学模型、流动模型、传热模型、传质模型等；③计算机模拟，即通过数值计算联立求解各子过程的数学模型，以预测不同条件下大型装置的性能，目的是优化设计和优化操作。

进行过程分解的目的在于：①减少各子过程数学模型所包含的待定模型参数，从而减少确定模型参数所需的实验工作量和提高模型参数的可靠性。②不同的子过程可以在不同类型的实验装置中分别进行研究。例如化学反应的规律不因设备尺寸而异，完全可以在小型反应装置中进行研究；物料流动、热量传递、质量传递规律一般随着设备尺寸而变，因此有必要在大型装置中进行实验，但无须涉及化学反应，以节约资金和节省时间。这类为反应过程开发所进行的不带化学反应的大型实验，统称为冷模实验，以区别于热模实验，即真正的反应过程实验。

需要指出的是，进行数学模拟放大时，通常也需进行中间实验，以综合检验模型的可靠性。

对某些特别复杂的反应过程，既不能利用量纲分析和相似论方法来安排实验，也不能通过对过程的合理简化建立数学模型，往往只能求助于规模逐次放大的实验来搜索过程的规律，这种研究方法称为经验放大。在采用逐级经验放大来开发化工过程时，通常首先进行小型的工艺实验，以确定优选的工艺条件；然后进行规模稍大的模型实验，以验证小型实验的结果；再建立规模更大（如中间工厂规模）的装置，进行逐级搜索；最后才能设计工业规模的大型生产装置。这种放大规律的搜索方法，通常需要经过多层次的中间实验，每次放大倍数很低，显然是相当费时费钱的，但目前这种方法还不能完全放弃。

综上所述，实验是各种化学工程研究方法的基础。各种理论、方法以及计算机的应用，目的都是使实验更能揭示过程的规律，更节省时间、人力和经费。在上述方法的应用中，也充分体现了过程分解（将一个复杂过程分解为若干个较简单过程）、过程简化（将较复杂过程忽略次要因素而以较简单过程简化处理）和过程综合（将分解后的简单过程再综合）的思想。

第2章　化工专业实验在线分析仪表

化工生产过程涉及众多的物理性质和化学成分测量，采用在线分析仪表可以实时监测过程参数，具有数据反映时间快、工作效率高、人工成本少等优点。为优化生产控制，稳定产品质量，优化企业经济效益，在线分析仪表在现代化工企业中的应用日益广泛。

在线分析仪表一般由四个部分组成，包括预处理及进样系统、分析器、公用系统及控制系统等，如图2．1所示。预处理及进样系统涉及试样的除尘、除水、除油、稳压、稳流等措施，目的是使试样符合过程分析仪的要求。分析器是在线分析仪表最为核心的部分，它通过多种分析方法实现检测目的，主要的分析方法有：①热化学法；②电化学法；③光学法；④机械能法。

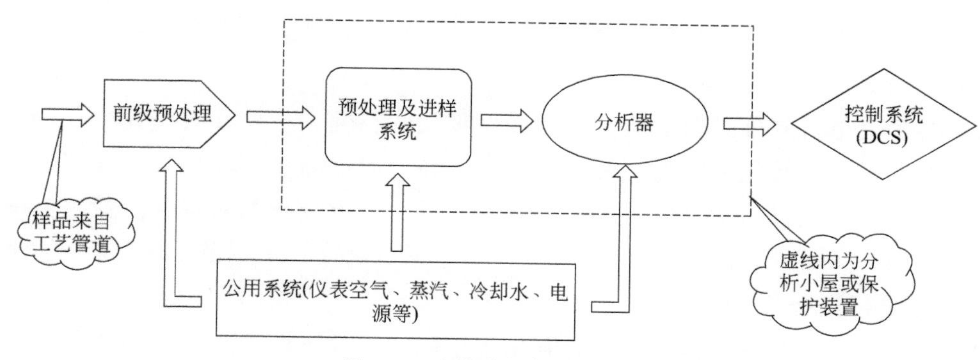

图2.1　在线分析仪表的构成

按照测量原理不同，常见的分析仪表分类见表2.1。

表2.1　常见分析仪表类型一览表

仪表类型	仪表名称
电化学式	电导式、电位式、酸度计、离子浓度计
热学式	热导式、热谱式、热化学式
磁学式	核磁共振分析仪
射线式	X射线分析仪、微波分析仪
光学式	红外、紫外等吸收式光学分析仪，光散射、干涉式光学分析仪
电子光学式和离子光学式	电子探针、离子探针
色谱式	气相和液相色谱仪
物理性质测量仪表	水分计和黏度计、密度计、湿度计
其他	晶体振荡式分析仪、半导体气敏传感器

表2.1中的分析仪表只有部分类型可以实现在线分析功能。以下是化工过程常用的

在线分析仪表。

（1）热导式气体分析器

基于气体热导率值与其成分量有关的物理特性，将被测气体通过热导池，检测热导池中热丝电阻的变化，可得知其中各成分的含量。主要用于分析混合气中氢气、二氧化硫或二氧化碳的含量。

（2）流程 pH 计

基于水溶液中氢离子浓度与插入溶液中一对电极所产生的电动势有关的电化学特性，通过测量电动势值，可得知被测溶液的 pH 值。常用于石油炼制工业、制药工业和食品工业等部门，尤其在污水处理工程中应用较多。

（3）氧化锆氧分析器

氧化锆在高温下，由于有氧离子存在而具有导电性。若在氧化锆管的内外两侧贴上铂电极，当电极两侧的气体含氧量不同时，电极就产生电动势。若使一侧（参比侧）氧浓度固定不变，则另一侧（被测侧）氧浓度与电动势有对应关系。测量该电动势值，就得知被测气体中含氧量的多少。该分析器响应很快，结构简单，使用、安装方便，维护工作量少。常用于工业炉窑烟道气含氧量的测量和控制，提高燃烧热效率。

（4）红外线气体分析器

基于各种气体对红外线辐射能具有选择性吸收的特性，红外线被气体中一种组分吸收后，辐射能部分地转化为热能，使气体温度升高，通过测量气体温度变化或恒容积内气体压力的变化，就可得知气体中这一组分的含量。它可分析的对象很广泛（如一氧化碳、二氧化碳、各种烃、乙醇和蒸气等的含量），灵敏度高，量程范围广，响应速度快。

（5）在线色谱分析仪

包括气相和液相色谱分析仪两类，利用了不同物质在不同两相中具有不同分配系数的特性。当两相在色谱柱里做相对运动时，这些物质在两相间多次反复分配，使分配系数不同的组分分离出来，并依先后顺序在检测器中逐个测出，各组分及其浓度的信号被自动记录，形成色谱图。据色谱图可定性和定量地求出被测物质的组成和含量。在色谱柱中，相对运动的两相为固定相及流动相。用气体作为流动相载运样品的称为气相色谱仪；用液体作为流动相载运样品的称为液相色谱仪。色谱分析仪能进行多点、多组分周期性的自动分析，选择性好，灵敏度高，响应速度快。主要用于石油、化肥等行业对气体或液体混合物的多组分分析。

第3章 化工专业实验安全知识

化工专业实验室因其涉及易燃、易爆、有腐蚀、有毒化学品，同时具有高温高压设备多、精密仪器设备多、人流量大等特点，存在较高的实验室安全隐患，也给实验室安全管理提出了较大的挑战。为营造一个安全、有序、稳定的实验室环境，确保每一个实验教学项目的顺利展开，参与化工专业实验的每个学生都有必要清楚了解专业实验室潜在的危险因素，并掌握如何预防危险的保障措施，以及如果遇到危险时的紧急处理措施。

3.1 实验室的设备和材料

表3.1是化工专业实验开设的实验项目情况，由表3.1可知，化工专业实验包括验证性实验和综合性实验两类，内容涉及化工热力学、化工传递过程原理、分离工程、化工工艺和反应工程五门专业核心课程。涉及的实验装置种类众多，包括反应加热设备、供料系统及控制系统、气相色谱检测系统、计算机在线采集系统等。实验介质种类繁多，包括无水乙醇、正丙醇、乙酸、乙酸乙烯酯、氢氧化钠、丙酮、乙酸乙酯、氯化钾、浓硫酸等。同时，涉及的压缩气体有一氧化碳、氮气、氢气、二氧化碳、空气。

表3.1 化工专业实验的项目名称、主要设备和实验介质

编号	项目名称	类型	对应课程	装置数	主要设备	实验介质
1	二元系统气液平衡数据测定	验证性	化工热力学	4	平衡釜、阿贝折光仪	无水乙醇、正丙醇
2	三元液液平衡数据测定	验证性	化工热力学	4	恒温箱、磁力搅拌器	乙酸、水、乙酸乙烯酯、氢氧化钠
3	液液传质系数测定	验证性	化工传递过程原理	4	刘易斯(Lewis)池、恒温槽、搅拌电机	丙酮、乙酸乙酯、水、乙酸、氢氧化钠
4	固体小球对流传热系数测定	验证性	化工传递过程原理	4	电加热炉、沙粒床层反应器、风机	空气
5	碳分子筛变压吸附制备高纯氮	综合性	分离工程	4	压缩机、真空泵、吸附柱	空气
6	反应精馏	综合性	分离工程	4	反应精馏塔、再沸器、冷凝器、气相色谱	无水乙醇、乙酸、乙酸乙酯、浓硫酸
7	一氧化碳中低温变换	综合性	化工工艺	4	加热炉、冷凝器、蠕动泵、气相色谱	水、一氧化碳、氮气、二氧化碳、氢气

续表

编号	项目名称	类型	对应课程	装置数	主要设备	实验介质
8	连续流动反应器的返混测定综合实验	综合性	反应工程	4	泵、搅拌釜、管式反应器、流化床反应器	水、氯化钾
9	固定床仿真	综合性	反应工程	2	固定床反应器、闪蒸罐、预热器	

3.2 实验室危险化学品辨识

对表3.1中的实验材料进行危险化学品辨识，见表3.2。从表3.2可知，化工专业实验室涉及的危险化学品相态有气态、液态、固态；危险性主要有易燃、易爆、腐蚀、不燃；没有涉及剧毒品；浓硫酸、丙酮属于易制毒品，应按照相关要求做好购买、储存、使用登记记录等工作；所有压缩气体都具有容器爆炸的危险性，应专门存放于室外的气体柜中，并安装防倒链；对于可能产生一氧化碳、氢气等易燃、易爆气体的实验，要保持实验室内通风良好，同时应当安装气体报警器。

表3.2 化工专业实验室涉及的危险化学品及其危险性一览表

物品名称	CAS号	相态	危险性	温度	是否剧毒品	是否易制毒品
无水乙醇	64-17-5	液态	易燃	常温	否	否
正丙醇	71-23-8	液态	易燃	常温	否	否
乙酸	64-19-7	液态	易燃	常温	否	否
乙酸乙烯酯	108-05-4	液态	易燃	常温	否	否
丙酮	67-64-1	液态	易燃、易爆	常温	否	是
乙酸乙酯	141-78-6	液态	易燃	常温	否	否
浓硫酸	7664-93-9	液态	腐蚀	常温	否	是
氢氧化钠	1310-73-2	固态	腐蚀	常温	否	否
一氧化碳	630-08-0	气态	易燃、易爆	常温	否	否
氢气	1333-74-0	气态	易燃、易爆	常温	否	否
二氧化碳	124-38-9	气态	不燃	常温	否	否
氮气(压缩)	7727-37-9	气态	不燃	常温	否	否

3.3 安全隐患分析

通过充分了解化工专业实验室的实验项目，以及所涉及的危险化学品的性质，对化工专业实验室存在的安全隐患分析如下。

3.3.1 触电

触电属于多发事故。化工专业实验室的所有实验项目均需要用电，且用水量较大，实验操作过程中容易出现跑水、漏水等现象，因此存在电气线路短路、漏电的隐患；另外，电气线路老化、受损、绝缘层破坏及实验人员操作不当，都容易导致触电事故的发生。

3.3.2 火灾、爆炸

火灾、爆炸事故多发生在具有易燃、易爆化学品和压力容器的实验室。当实验室出现管理不力、操作不当或实验设备、管道密封不好的情况时，容易造成易燃、易爆物品泄漏，极易引起火灾、爆炸。

3.3.3 中毒

中毒事故多发生在具有有毒化学药品和毒气排放的实验室。比如化工专业实验室实验设备、管道密封不好而发生一氧化碳泄漏时，如防护不当或处理不及时，则很容易发生中毒事故。

3.3.4 灼伤、烫伤

当皮肤直接接触强腐蚀性物质、强氧化剂、强还原剂，如浓酸、浓碱、氢氟酸、溴等会导致实验人员灼伤；涉及高温加热的实验项目，如果操作不当或防护措施存在缺陷，实验人员接触其表面会造成烫伤。

另外，还可能会出现如机械伤害、噪声震动、高处坠落、物体打击等其他伤害。表3.3为化工专业实验室各实验项目的安全隐患分布情况。

表3.3 化工专业实验室各实验项目的安全隐患分布情况

编号	实验项目名称	触电	火灾、爆炸	中毒	灼伤、烫伤	其他伤害
1	二元系统气液平衡数据测定	▲	▲		▲	▲
2	三元液液平衡数据测定	▲	▲		▲	▲
3	液液传质系数测定	▲	▲		▲	▲
4	固体小球对流传热系数测定	▲			▲	▲
5	碳分子筛变压吸附制备高纯氮	▲				▲
6	反应精馏	▲	▲		▲	▲
7	一氧化碳中低温变换	▲	▲	▲	▲	▲

续表

编号	实验项目名称	触电	火灾、爆炸	中毒	灼伤、烫伤	其他伤害
8	连续流动反应器的返混测定综合实验	▲				▲
9	固定床仿真	▲				▲

注：表中“▲”表示存在该种危险、有害因素。

3.4 应急处理预案

3.4.1 火灾应急处理预案

① 确定火灾发生的位置，判断出火灾发生的原因，如压缩气体、易燃液体、电气设备等；

② 明确火灾周围环境，判断出是否有重大危险源分布及是否会带来次生灾难；

③ 明确救灾的基本方法，采用适当的消防器材进行扑救，见表3.4；

表3.4 实验室常见灭火对象及灭火方法及器材

灭火对象	灭火方法及器材
木材、布料、纸张、橡胶以及塑料等固体可燃材料	水冷却法
珍贵图书、档案	二氧化碳、卤代烷、干粉灭火器
易燃液体、易燃气体和油脂类化学品	泡沫、干粉灭火器
电气设备	切断电源后再灭火，如不能断电，应使用沙子或干粉灭火器，不能使用泡沫灭火器或水
可燃金属，如镁、钠、钾及其合金	干砂、干粉灭火器

④ 依据可能发生的危险化学品事故类别、危害程度级别划定危险区，对事故现场周边区域进行隔离和疏导；

⑤ 视火情拨打“119”报警求救，并到明显位置引导消防车。

3.4.2 爆炸应急处理预案

① 实验室爆炸发生时，实验室负责人在其认为安全的情况下必须及时切断电源和管道阀门；

② 所有人员应听从实验室负责人的安排，有组织地通过安全出口或用其他方法迅速撤离爆炸现场；

③ 应急预案领导小组负责安排抢救工作和人员安置工作。

3.4.3 中毒应急处理预案

实验中若出现头晕、恶心、呕吐等症状时，则可能是一氧化碳中毒所致。对中毒者应立即转移到通风处，解开领扣，使其呼吸到新鲜空气，有条件时立即给予吸氧。化工专业实验室安装有一氧化碳气体报警器，若实验过程发生气体泄漏，听到警报声的同时，全体实验人员应紧急撤离至安全地带，并对中毒者施行急救。同时组织应急人员佩戴好防毒面具（或空气呼吸器）、防爆手电等防护用品进入现场处理，将事故情况及时、准确汇报上级领导。

3.4.4 触电应急处理预案

① 切断电源开关。若电源开关较远，可用干燥的木橇、竹竿等挑开触电者身上的电线或带电设备。

② 可用几层干燥的衣服将手包住，或者站在干燥的木板上，拉触电者的衣服，使其脱离电源。

③ 触电者脱离电源后，神志清醒者，应使其就地躺平，严密观察，暂时不要站立或走动；如神志不清，应就地仰面躺平，且确保气道通畅，并于5s时间间隔呼叫或轻拍其肩膀，以判定其是否意识丧失。禁止摇动其头部呼叫。

④ 对需要抢救的伤员立即就地采用人工肺复苏法正确抢救，并设法联系校医务室接替救治。

3.4.5 化学品灼伤应急处理预案

① 强酸、强碱及其他一些化学物质，具有强烈的刺激性和腐蚀作用，发生这些化学品灼伤时，应用大量流动清水冲洗，再分别用低浓度（2%～5%）的弱碱（强酸引起的灼伤）、弱酸（强碱引起的灼伤）进行中和。处理后，再依据情况而定，做下一步处理。

② 化学品溅入眼内时，在现场立即就近用大量清水或生理盐水彻底冲洗。实验室内备有专用洗眼水龙头。冲洗时，眼睛置于水龙头上方，水向上冲洗眼睛，时间应不少于15min，切不可因疼痛而紧闭眼睛。处理后，再送眼科医院治疗。

第4章 化工专业实验实例

实验一 二元系统气液平衡数据测定

一、实验目的

(1) 了解二元体系气液平衡数据的测定原理与方法，掌握用双循环平衡釜测定气液平衡数据的方法和技能；

(2) 了解双循环气液平衡釜的构造，掌握阿贝折光仪的分析测定方法；

(3) 了解气液平衡数据的热力学一致性检验方法，利用实验测得的 t-x-y 数据计算不同组成下液相组分的活度系数；

(4) 掌握二元体系气液平衡相图的绘制；

(5) 应用 Herrington 经验检验法，对实验数据进行热力学一致性检验。

二、实验内容

(1) 测定常压下乙醇-正丙醇二元体系的 t-x-y 数据，计算不同组成下液相组分的活度系数 γ_i；

(2) 测定气液平衡组成 x_i、y_i 和平衡温度 t，绘制 t-x-y 的平衡相图；

(3) 标绘 $\ln \dfrac{\gamma_1}{\gamma_2}$ 对 x_1 的关系曲线图，并对实验数据进行热力学一致性检验。

三、实验原理

以循环法测定气液平衡数据的平衡釜有多种形式，但基本原理是一样的。如图4.1.1所示，当体系达到平衡时，a和b两容器中组成不随时间而变化，这时从a和b两容器中取样分析，即可得到一组气液平衡实验数据。

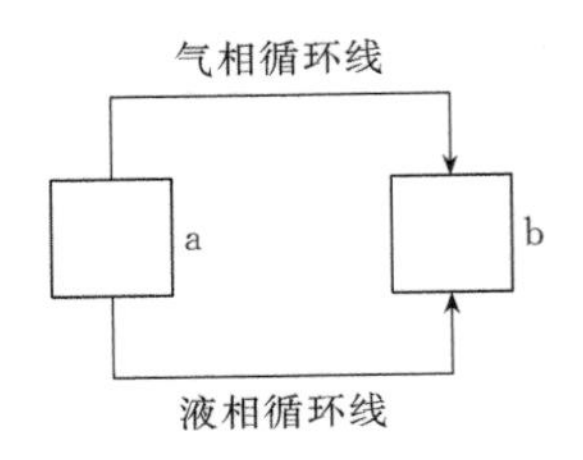

图4.1.1 循环法测定气液平衡数据原理图

根据相平衡原理，当气液两相达到平衡时，气液两相的温度、压力相等，同时任一组分在各相中的逸度相等，其热力学基本关系为：

$$\hat{f}_i^{\mathrm{L}}=\hat{f}_i^{\mathrm{V}}$$

$$\hat{\phi}_i^{\mathrm{V}} p y_i=\gamma_i f_i^{\mathrm{s}} x_i \tag{4.1.1}$$

对低压气液平衡，其气相可以视为理想气体混合物，即 $\hat{\phi}_i^{\mathrm{V}}=1$；忽略压力对液体逸度的影响，即 $f_i^{\mathrm{s}}=p_i^{\mathrm{s}}$，从而得出低压下气液平衡关系式为：

$$p y_i=\gamma_i p_i^{\mathrm{s}} x_i \tag{4.1.2}$$

式中　p——体系压力（总压）；

p_i^{s}——纯组分 i 在平衡温度下的饱和蒸气压，可用 Antoine 公式计算；

x_i、y_i——组分 i 在液相、气相中的摩尔分数；

γ_i——组分 i 的液相活度系数。

Antoine 方程：

$$\lg p_i^{\mathrm{s}}=A_i-\frac{B_i}{C_i+t} \tag{4.1.3}$$

由实验测得等压下体系的气液平衡数据，即温度、压力、液相组成、气相组成（t、p、x、y），则可用式(4.1.4) 计算不同组成下液相组分的活度系数：

$$\gamma_i=\frac{p y_i}{x_i p_i^{\mathrm{s}}} \tag{4.1.4}$$

这样得到的活度系数我们称为实验活度系数。

四、预习与思考

(1) 测定气液平衡数据的意义。

(2) 本实验用什么方法测定气液平衡数据？请对照实验装置说明气液平衡数据测定原理。

(3) 实验温度如何控制？如何实现数据点合理分布？

(4) 二元气液相图有哪些？本实验绘制的是什么相图？绘制相图的注意事项有哪些？

(5) 本实验中气液两相达到平衡的判据是什么？

五、实验装置基本情况

实验所用的气液平衡釜构造，如图 4.1.2 所示。该釜结构独特，气液双循环，操作非常简便，平衡时间短，不会出现过热过冷现象，适用范围广。温度测定用 0.1℃的精密水银温度计，样品组成采用折射率法分析。实验装置全部采用玻璃材料制成，可以清楚观测釜内实验现象。整套实验设备小型化，易于学生操作，实验数据重现性良好。

六、实验操作方法及步骤

(1) 将与阿贝折光仪配套的超级恒温水浴调整运行到所需温度 30℃，在测温管内倒

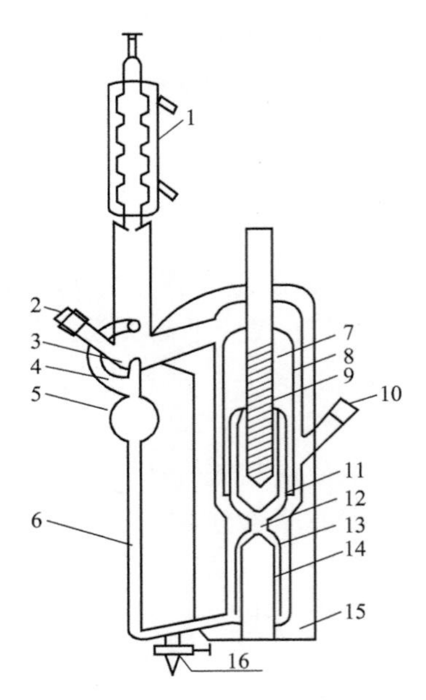

图 4.1.2　双循环气液平衡釜简图

1—冷凝器；2—气相取样口；3—气相储液槽；4—沸腾管；5—缓冲球；6—回流管；7—平衡釜；8—钟罩；9—温度计套管；10—液相取样口；11—液相储液槽；12—提升管；13—沸腾室；14—加热套管；15—真空夹套；16—放液阀

入甘油，将标准温度计插入套管中。

(2) 配制一定浓度的乙醇（体积分数10%左右)-正丙醇混合液，控制总容量50mL，然后倒入平衡釜中。

(3) 打开冷凝器冷却水，接通电源开始缓慢加热，冷凝回流液控制在2～3滴/s，稳定回流20min以建立平衡状态。达到平衡状态时停止加热，记录该浓度下的平衡温度。同时用微量注射器分别取两相样品，用阿贝折光仪分析其组成。

(4) 测完一组实验数据并检查合理后，从釜中抽取6mL液体样品，再向釜内补充6mL乙醇溶液重新建立平衡，所加乙醇溶液量应视上一次的平衡温度定，以保证实验数据点分布均匀。如此进行，测定12～14组实验数据并记录。

(5) 实验结束后，停止加料，将平衡釜加热电压调为零。停止加热后10min，关闭冷却水，关闭恒温水浴，并将实验用药品放到回收桶中，整理好物品，一切复原，对实验数据进行分析整理。

七、实验注意事项

(1) 由于实验所用物品属于易燃物品，所以实验过程要特别注意安全，操作过程中避免洒落以免发生危险。

(2) 本实验设备加热功率由电位器调节，加热时不要升温过快，以免发生暴沸（过冷沸腾)，使液体从平衡釜中冲出。若遇此现象应立即断掉电源。

(3) 开车时应先打开冷却水，再向平衡釜供热。停车时反之。

（4）浓度测量使用阿贝折光仪，读取折射率时，一定要同时记录测量温度，并按给定的温度-折射率-液相组成关系或30℃下乙醇质量分数-折射率的回归式测定有关数据。

八、实验数据记录与处理

1. 实验原始数据记录

本实验所用的物系为乙醇-正丙醇混合液，该体系的物理性质数据如表4.1.1所示，其折射率与溶液浓度的关系如表4.1.2所示。

表4.1.1 乙醇-正丙醇物理性质表

物理性质	摩尔质量/(g/mol)	沸点/℃	折射率 n_D^{30}
乙醇(1)	46	78.3	1.3574
正丙醇(2)	60	97.2	1.3809

表4.1.2 温度-折射率-液相组成之间的关系

温度	液相组成							
	0	0.05052	0.09985	0.1974	0.2950	0.3977	0.4970	0.5990
25℃	1.3827	1.3815	1.3797	1.3770	1.3750	1.3730	1.3705	1.3680
30℃	1.3809	1.3796	1.3784	1.3759	1.3755	1.3712	1.3690	1.3668
35℃	1.3790	1.3775	1.3762	1.3740	1.3719	1.3692	1.3670	1.3650

温度	液相组成						
	0.6445	0.7101	0.7983	0.8442	0.9064	0.9509	1.000
25℃	1.3607	1.3658	1.3640	1.3628	1.3618	1.3606	1.3589
30℃	1.3657	1.3640	1.3620	1.3607	1.3593	1.3584	1.3574
35℃	1.3634	1.3620	1.3600	1.3590	1.3573	1.3653	1.3551

30℃下乙醇质量分数与阿贝折光仪读数之间关系也可按下列回归式计算：

$$W_1 = 58.844116 - 42.61325 n_D^{30}$$

式中 W_1——乙醇气相（液相）质量分数；

n_D^{30}——气相（液相）折射率。

由乙醇气相（液相）质量分数 W_1 求气相、液相的摩尔分数 y_1、x_1：

$$y_1(x_1) = \frac{W_1/M_1}{W_1/M_1 + (1-W_1)/M_2}$$

将乙醇-正丙醇二元体系的气液平衡数据填入表4.1.3中。

表4.1.3 乙醇-正丙醇二元体系的气液平衡数据

大气压______ 室温______

序号	平衡温度/℃	气相折射率 n_D^{30}	液相折射率 n_D^{30}
1			
2			

续表

序号	平衡温度/℃	气相折射率 n_D^{30}	液相折射率 n_D^{30}
3			
4			
5			
6			
7			
8			
9			
10			
11			
12			
13			
14			

2. 实验数据处理

(1) 根据实验测定的数据，计算不同组成下液相组分的活度系数 γ_i；

(2) 标绘 t-x-y 的平衡相图；

(3) 绘制 $\ln\frac{\gamma_1}{\gamma_2}$对 x_1 的关系曲线图；

(4) 应用 Herrington 经验检验法，对实验数据进行热力学一致性检验。

将乙醇-正丙醇二元体系的平衡温度与组成数据填入表 4.1.4 中。

表 4.1.4　乙醇-正丙醇二元体系的平衡温度与组成

序号	平衡温度/℃	气相折射率 n_D^{30}	液相折射率 n_D^{30}	平衡组成	
				乙醇气相 y_1	乙醇液相 x_1
1					
2					
3					
4					
5					
6					
7					
8					
9					
10					
11					
12					
13					
14					

根据 Antoine 公式，即 $\lg p_i^s = A_i - \frac{B_i}{C_i + t}$，求得各平衡温度下乙醇和正丙醇的饱和蒸气压 p_i^s。将乙醇-正丙醇的 Antoine 常数填入表 4.1.5 中。各平衡温度下纯组分的饱和蒸气压数据填入表 4.1.6 中。

表 4.1.5　乙醇-正丙醇的 Antoine 常数

组分	Antoine 常数			适用温度范围/K
	A	B	C	
乙醇(1)				
正丙醇(2)				

表 4.1.6　各平衡温度下纯组分的饱和蒸气压

序号	平衡温度/℃	乙醇饱和蒸气压 p_1^s/kPa	正丙醇饱和蒸气压 p_2^s/kPa
1			
2			
3			
4			
5			
6			
7			
8			
9			
10			
11			
12			
13			
14			

根据 $\gamma_i = \frac{p y_i}{x_i p_i^s}$ 可求得不同组成下液相组分的活度系数 γ_i，数据结果记录于表 4.1.7 中。

表 4.1.7　不同组成下液相组分的活度系数

序号	平衡温度/℃	乙醇			正丙醇		
		气相 y_1	液相 x_1	活度系数 γ_1	气相 y_2	液相 x_2	活度系数 γ_2
1							
2							
3							
4							
5							

续表

序号	平衡温度/℃	乙醇			正丙醇		
		气相 y_1	液相 x_1	活度系数 γ_1	气相 y_2	液相 x_2	活度系数 γ_2
6							
7							
8							
9							
10							
11							
12							
13							
14							

九、数据分析与讨论

（1）讨论压力对气液平衡数据的影响；若改变实验压力，气液平衡相图将如何变化？试以简图表明。

（2）分析实验数据的热力学一致性。

（3）分析实验误差的来源。

（4）提出实验装置的修改意见。

实验二　三元液液平衡数据测定

一、实验目的

（1）测定乙酸-水-乙酸乙烯酯在25℃下的液液平衡数据；

（2）用乙酸-水、乙酸-乙酸乙烯酯两对二元系的气液平衡数据以及乙酸-水二元系的液液平衡数据，求得活度系数关联式常数，并推算三元液液平衡数据，与实验数据比较；

（3）掌握测定液液平衡数据的方法，会对实验数据进行处理，并进行误差分析；

（4）学会三角形相图的绘制。

二、实验内容

（1）配制几组溶液，测定乙酸-水-乙酸乙烯酯在25℃下的液液平衡数据。

（2）绘制三角形相图，根据平衡溶解度数据绘制溶解度曲线，并根据测得平衡数据绘制联结线与辅助线。

三、实验原理

1. 三组分系统组成的图示法

根据相律 $f=C-\Phi+2$，三组分系统 $C=3$，当温度、压力同时确定时，即条件自由度 f^{**} 为 2，其相图可以用平面图表示，通常用等边三角形表示各组分的浓度。

若以等边三角形的三个顶点分别代表纯组分 A、B 和 C，则 AB 线代表（A+B）的二组分体系，BC 线代表（B+C）的二组分体系，AC 线代表（A+C）的二组分体系，而三角形内任意一点相当于三组分体系，如图 4.2.1 所示。将三角形的每一边等分为 100 份，通过三角形内任何一点 O 引平行于各边的直线，根据几何原理，$a+b+c=AB=BC=CA=100\%$，或 $a'+b'+c'=AB=BC=CA=100\%$，因此 O 点的组成可由 a'、b'、c'来表示。即 O 点所代表的三个组分的百分组成分别是：$w(\mathrm{B})/\%=b'$，$w(\mathrm{C})/\%=c'$，$w(\mathrm{A})/\%=a'$。因此要确定 O 点 B 的组成，只需通过 O 点作与 B 的对边 AC 的平行线，割 AB 边于 D，AD 线段长即相当于 B%，以此类推。如果已知三组分的任意两个百分组成，只需作两条平行线，其交点就是被测体系的组成点。

三角坐标还有下述特点：通过任一顶点如 B 向其对边引直线 BD，则 BD 线上的各点所代表的组成中，A、C 两个组分含量的比值保持不变，如图 4.2.2 所示。这可以由三角形相似原理得到证明：

$$\frac{a'}{c'}=\frac{a''}{c''}=\frac{w(\mathrm{A})}{w(\mathrm{C})}=常数$$

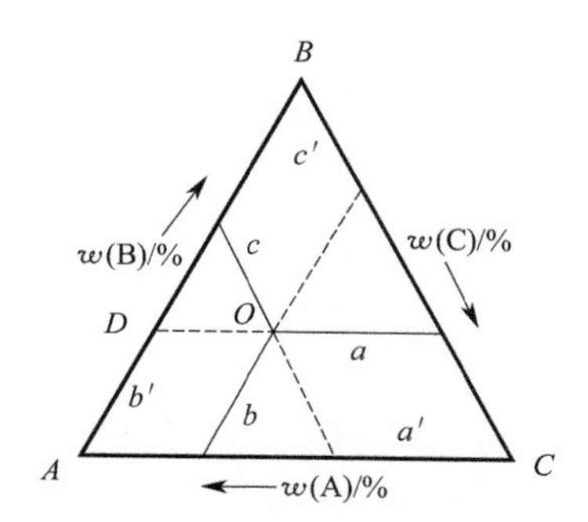

图 4.2.1　三角坐标

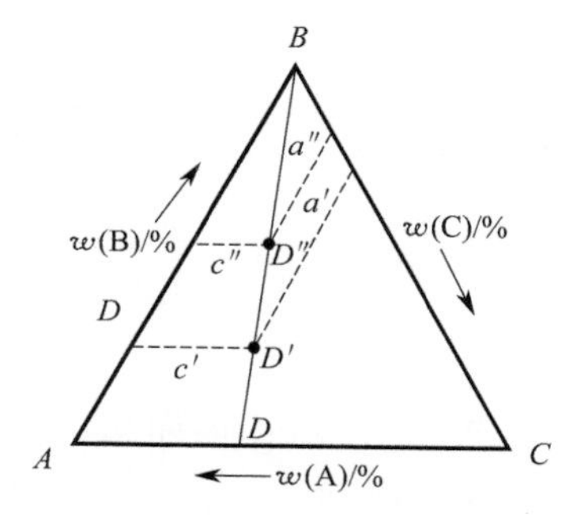

图 4.2.2　三角坐标特点

2. 一个液对部分互溶的相图

三元液液平衡数据的测定有不同的方法。一种方法是配制一定的三元混合物，在恒定温度下搅拌，充分接触，以达到两相平衡。然后静置分层，分别取出两相溶液分析其组成，这种方法可直接测出平衡联结线数据，但分析常有困难。

另一种方法是先用浊点法测出三元系的溶解度曲线，并确定溶解度曲线上的组成与某一物理性质（如折射率、密度等）的关系，然后再测定相同温度下平衡联结线数据，这时只需根据已确定的曲线来确定两相的组成。在乙酸乙烯酯-水-乙酸三组分体系中，乙酸乙烯酯（VAc）和水是不互溶的，而乙酸和乙酸乙烯酯或与水都是互溶的。在乙酸乙烯酯-水体系中加入乙酸则可以促使乙酸乙烯酯与水的互溶。由于乙酸在乙酸乙烯酯层及水层中并非等量分配，因此代表两层浓度的 a、b 点的连线并不一定和底边平行（图 4.2.3）。设加入乙酸后体系总组成为 c，平衡共存的两相叫共轭溶液，其组成由通过 c 的连线上的 a、b 两点表示。图 4.2.3 中曲线以下区域为两相共存，其余部分为一相。

浊点法测定三元系的溶解度曲线方法如下：若乙酸乙烯酯（A）、水（C）二组分体系，其组成为 K（图 4.2.3），于其中逐渐加入乙酸（B），则体系总组成沿着 KB 线变化（乙酸乙烯酯、水比例保持不变）。在曲线以下区域内则是互不相溶的两共轭溶液，将溶液振荡时则出现浑浊状态。继续滴加乙酸直到曲线上的 d 点，体系将由两相区进入单相区，液体将由浑浊转为清澈。如果继续滴加乙酸至 e 点，液体仍为清澈的单相。如于这一体系中滴加水，则体系总组成将沿 eC 线变化（此时乙酸、乙酸乙烯酯比例保持不变），直到 f 点，则体系由单相区进入两相区，液体开始由清澈变浑浊。继续滴加水至 g 点仍为两相。如于此体系中再滴加乙酸，至 h 点则由两相区进入单相区，液体由浑浊变清澈。如此反复进行，可获得 d、f、h、j 等位于曲线上的点，将它们连接即得到单相区与两相区分界的曲线即溶解度曲线。

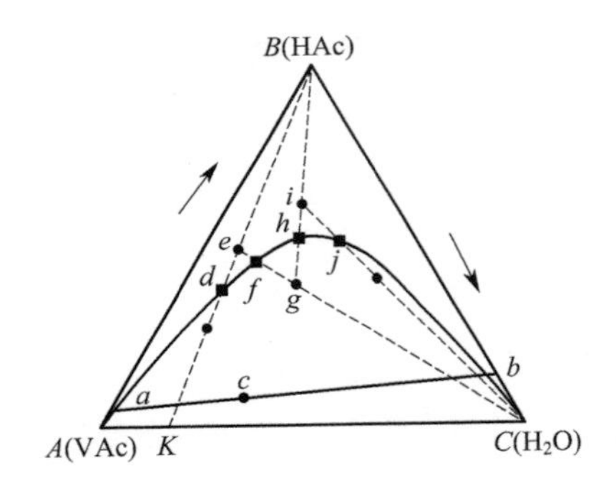

图 4.2.3　乙酸乙烯酯-水-乙酸滴定路线图

对于乙酸-水-乙酸乙烯酯这个特定的三元系，由于分析乙酸最为方便，因此采用浊点法测定溶解度曲线，并按此三元溶解度数据，对水层以乙酸及乙酸乙烯酯为坐标进行标绘，对油层以乙酸及水为坐标进行标绘，画成曲线，以备测定联结线时应用，然后配制一定的三元混合物，经搅拌，静置分层后，分别取出两相样品，分析其中的乙酸含量，由溶解度曲线查出另一组分的含量，并用减量法确定第三组分的含量。

四、预习与思考

（1）请指出图 4.2.4 溶液的总组成点在 A、B、C、D、E 点会出现什么现象？

（2）何谓平衡联结线，有什么性质？

（3）本实验通过怎样的操作达到液液平衡？

（4）自拟用 0.1mol/L NaOH 滴定法测定实验系统共轭两相中乙酸组成的方法和计

算式。取样时应注意哪些事项？H_2O 及 VAc 的组成如何得到？

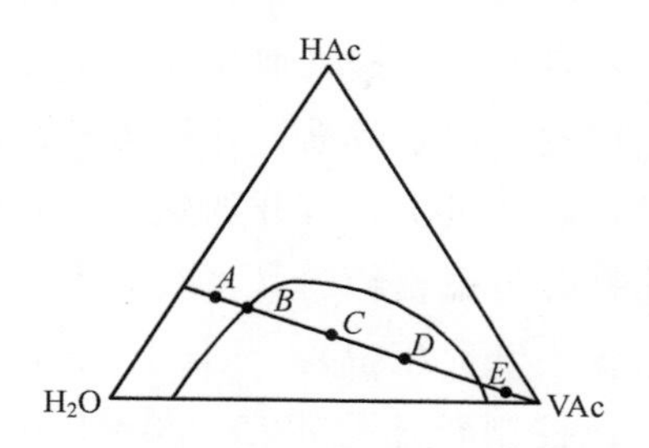

图 4.2.4　HAc-H_2O-VAc 的三角形相图示意

五、实验装置基本情况

本实验恒温装置如图 4.2.5 所示。作用原理：由电加热器加热并用风扇搅动气流，促使箱内温度均匀，温度由温度计测量，并由恒温控制器控制加热温度。实验前应先接通电源进行加热，使温度达到 25℃，并保持恒温。

实验仪器包括分析天平，具有侧口的 100mL 磨口锥形瓶及医用注射器等。

实验恒温装置图见图 4.2.5，实验装置面板图见图 4.2.6。

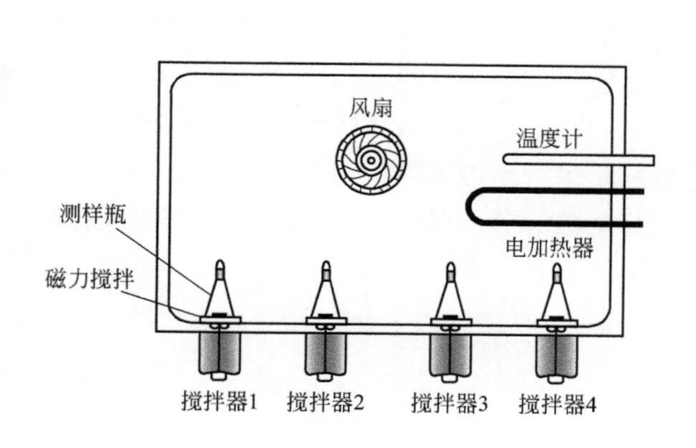

图 4.2.5　实验恒温装置示意图

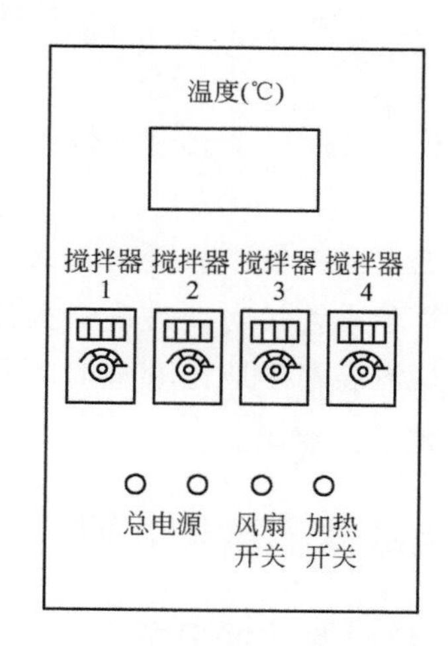

图 4.2.6　实验装置面板图

六、实验操作方法及步骤

本实验用物料包括乙酸、乙酸乙烯酯和去离子水，它们的物理常数见表 4.2.1。

表 4.2.1　物料的物理常数

物料	沸点/℃	密度 ρ/(g/cm^3)
乙酸	118	1.049
乙酸乙烯酯	72.5	0.9312
水	100	0.997

(1) 根据相图配制一个组成位于部分互溶区的三元溶液约 30g，配制时称取各组分的质量，用密度估计其体积，然后取一干硅橡胶塞塞住，用分析天平称取其质量，加入乙酸、水、乙酸乙烯酯后分别称重，记录数据，计算出三元溶液的浓度。

(2) 接通仪器总电源开关，启动风机，打开加热开关，使恒温箱温度稳定在 25℃。

(3) 当温度稳定后，快速打开恒温箱箱门，将装有不同组成的混合体系的锥形瓶放入箱内（预先将配制好的样品置于锥形瓶中），并马上关闭箱门，动作要迅速。

(4) 打开磁力搅拌器开关，控制转速稳定在 200～250r/min，搅拌 20min，使系统内达到平衡，然后在恒温箱内静置 10～15min，使溶液自然分层。

(5) 将锥形瓶从恒温箱中小心取出，用医用注射器分别抽取油层及水层各 1mL，称取所取样品的质量。然后使用中和滴定法分析其中的乙酸含量，由溶解度曲线查出另一组成，于是就可算出第三组分的组成（本实验用中性红作指示剂，并用 0.1mol/L 氢氧化钠溶液滴定至终点）。

七、实验注意事项

(1) 本实验装置加热温度严禁超过 60℃，以免损坏仪器。

(2) 本实验控温仪表为智能仪表，内部参数已预先设定好，所以不要随意修改仪表参数。

(3) 放入药品时要迅速，恒温箱打开箱门时间过长，会严重影响控温效果，进而影响实验的准确度。

(4) 磁力搅拌器不宜开得过大，200～250r/min 为宜，避免锥形瓶因晃动而倾倒。

(5) 实验中称量时要准确，操作过程中尽量减少杂质混入。

(6) 从恒温箱中取出溶液时动作要轻柔，避免破坏分层效果，滴定分析注意监控滴定终点，数据要准确。

八、实验数据记录与处理

1. 实验原始数据记录

将实验原始数据记录于表 4.2.2～表 4.2.4 中。

表 4.2.2　原始数据记录表 1

搅拌速度______r/min　　温度______℃

瓶号	试剂瓶质量/g	VAc 质量/g	H_2O 质量/g	HAc 质量/g
1				
2				
3				
4				

表 4.2.3　原始数据记录表 2

搅拌速度______r/min　　温度______℃

瓶号	VAc 体积/mL	H_2O 体积/mL	HAc 体积/mL
1			
2			
3			
4			

表 4.2.4　原始数据记录表 3（滴定分析数据记录）

瓶号	水相（H_2O-VAc） NaOH 消耗量	油相（H_2O-HAc） NaOH 消耗量
1		
2		
3		
4		

2. 实验数据处理

（1）在三角形相图中，将本实验乙酸-水-乙酸乙烯酯三元体系的溶解度数据（表 4.2.5）作成光滑的溶解度曲线，将测得的数据标绘在图上。

表 4.2.5　HAc - H_2O - VAc 三元系液液平衡溶解度数据表（298K，质量分数） 单位：%

序号	HAc	H_2O	VAc
1	0.05	0.017	0.933
2	0.10	0.034	0.866
3	0.15	0.055	0.795
4	0.20	0.081	0.719
5	0.25	0.121	0.629
6	0.30	0.185	0.515
7	0.35	0.504	0.146
8	0.30	0.605	0.095
9	0.25	0.680	0.070
10	0.20	0.747	0.053
11	0.15	0.806	0.044
12	0.10	0.863	0.037

（2）计算溶液中 HAc、H_2O、VAc 的质量分数，结果列于表 4.2.6 中。在三角形相图中分别求得水和乙酸乙烯酯的质量分数，绘制联结线和辅助线。

表 4.2.6　原料液总组成（质量分数）表

瓶号	1	2	3	4
乙酸/%				
水/%				
乙酸乙烯酯/%				

九、数据分析与讨论

（1）温度和压力对液液平衡的影响如何？

（2）分析实验误差的来源。

（3）试述作出实验系统液液平衡相图的方法。

（4）提出实验装置的修改意见。

十、思考题

（1）今有 25g 某乙酸水溶液，含乙酸 46%。拟用乙酸乙烯酯来萃取其中的乙酸，若用 100g 乙酸乙烯酯一次萃取，能从溶液中萃取出多少乙酸？

（2）如果室温为 36℃，根据实验装置分析此时平衡温度 25℃是否合适？如果不合适为什么？又如何设计实验？

实验三　液液传质系数测定

一、实验目的

（1）了解传质过程特点及与其他传递过程的类比；

（2）了解影响液液传质过程的工程因素；

（3）了解液液传质实验设备的结构和特点，掌握用刘易斯池测定液液传质系数的方法；

（4）掌握液液传质过程数学模型的构建方法；

（5）学习流动状况、物理性质对液液传质的影响；

（6）掌握测定传质速率的方法，会对实验数据进行处理，并进行误差分析。

二、实验内容

（1）在刘易斯池内按 1∶1 比例加水相和乙酸乙酯相，充分搅拌后使其达到平衡状态，然后加入一定量乙酸，计时并测定乙酸在两相中的浓度变化，从而确定传质速率，并计算传质系数 K_w、K_o。

（2）测定并绘制 c_o、c_w 对 t 的关系曲线图。

（3）改变搅拌强度或系统污染，测定传质系数，关联并讨论搅拌速度与传质系数的关系。

三、实验原理

研究影响液液传质速率的因素和规律，探讨传质过程的机理是提高萃取设备效率的重要依据。由于液液传质过程的复杂性，关于两相接触界面的动力学状态，物质通过界面的传递机理，以及相界面的传质阻力等问题的研究，必须借助于实验。

在工业萃取设备中，当流体流经填料、筛板等内部构件时，会引起两相高度的分散和强烈的湍动，传质过程和分子扩散变得相当复杂，再加上液滴的凝聚与分散、流体的轴向返混等因素，使两相传质界面和传质推动力难以确定。因此，在实验研究中，常将过程进行分解，采用理想化和模型的方法进行处理。1954 年刘易斯（Lewis）提出了用一个恒定界面的容器，研究液液传质的方法，即在给定界面面积的情况下，分别控制两相的搅拌速度，造成一个相内全混、界面无返混的理想流动状况，不仅明显改善了设备内流体力学条件及相际接触状况，而且有效地避免了因液滴的形成与凝聚而造成端效应。本实验采用改进型的刘易斯池。由于刘易斯池具有恒定传质相界面，当实验在给定搅拌速度及恒定温度下，测定各相浓度随时间的变化关系，就可方便地用物料衡算及速率方程获得传质系数。

$$-\frac{V_w \mathrm{d}c_w}{A\,\mathrm{d}t}=K_w(c_w-c_w^*) \tag{4.3.1}$$

$$\frac{V_o \mathrm{d}c_o}{A\,\mathrm{d}t}=K_o(c_o^*-c_o) \tag{4.3.2}$$

式中　V_w、V_o——t 时刻水相和有机相的体积；

A——界面面积；

K_w、K_o——以水相浓度和有机相浓度表示的总传质系数；

c_w^*——与有机相浓度成平衡的水相浓度；

c_o^*——与水相浓度成平衡的有机相浓度。

若平衡分配系数能近似取常数，则：

$$c_w^*=\frac{c_o}{m},\quad c_o^*=mc_w \tag{4.3.3}$$

式（4.3.1）、式（4.3.2）中的 $\frac{\mathrm{d}c}{\mathrm{d}t}$ 的值，可将实验数据进行拟合，然后求导得到。

若将系统达到平衡时的水相浓度 c_w^e 和有机相浓度 c_o^e 替换式（4.3.1）、式（4.3.2）中的 c_w^* 和 c_o^*，则对式（4.3.1）、式（4.3.2）分别积分可推出：

$$K_w=\frac{V_w}{At}\int_{c_w(0)}^{c_w(t)}\frac{\mathrm{d}c_w}{c_w^e-c_w}=-\frac{V_w}{At}\ln\frac{c_w^e-c_w(t)}{c_w^e-c_w(0)} \tag{4.3.4}$$

$$K_o = \frac{V_o}{At}\int_{c_o(0)}^{c_o(t)} \frac{dc_o}{c_o^e - c_o} = -\frac{V_o}{At}\ln\frac{c_o^e - c_o(t)}{c_o^e - c_o(0)} \quad (4.3.5)$$

以 $\ln\frac{c^e - c\ (t)}{c^e - c\ (0)}$ 对 t 作图，由斜率可获得传质系数。

根据传质系数的变化，可研究流动状况、物理性质等因素对传质速率的影响。

液液相际的传质远比气液相际的传质复杂，若用双膜理论关联液液相际的传质速率，做如下假定：

① 界面是静止不动的，在相界面上没有传质阻力，且两相呈平衡状态。

② 紧靠界面两侧是两层层流液膜。

③ 在液膜内溶质靠分子扩散进行传递。

④ 传质阻力是由界面两侧的液膜阻力叠加而成，则关联结果往往与实际情况有较大偏差。其主要原因是由于传质相界面的实际状况无法满足模型的假设，除了主流体中的旋涡冲到界面，以及流体流动的不稳定性造成的界面扰动外，界面本身也会因为传质引起的界面张力梯度而产生湍动，从而使传质速率显著增加。此外，微量表面活性物质的存在又可使传质速率明显减小。

液液界面不稳定的原因，大致可分为：

（1）界面张力梯度导致的不稳定性

在相界面上由于溶质浓度的不均匀性导致界面张力的差异。在张力梯度的驱动下界面附近的流体会从张力低的区域向张力较高的区域运动，张力梯度的随机变化导致相界面上发生强烈的旋涡现象，这种现象称为 Marangoni 效应。

（2）密度梯度引起的不稳定性

界面附近如果存在密度梯度，则界面处的流体在重力场的作用下也会产生不稳定的对流，即所谓的 Taylar 不稳定现象。密度梯度与界面张力梯度导致的界面对流交织在一起，会产生不同的效果。稳定的密度梯度会把界面对流限制在界面附近的区域。而不稳定的密度梯度会产生离开界面的旋涡，并且使它渗入到主体相中去。

（3）表面活性剂的作用

表面活性剂是降低液体界面张力的物质，其富集在界面，会使界面张力显著下降，从而削弱界面张力梯度引起的界面不稳定性现象，制止界面湍动。此外，表面活性剂在界面处形成的吸附层，还会产生附加的传质阻力，降低传质速率。

四、预习与思考

（1）测定液液传质系数的意义有哪些？

（2）理想化液液传质系数实验装置有何特点？

（3）由刘易斯池测定的液液传质系数用到实际工业设备还应考虑哪些因素？

（4）物理性质如何影响液液传质系数？

（5）根据物理性质数据表，确定乙酸向哪一方向的传递会产生界面湍动，说明原因。

五、实验装置基本情况

1. 实验设备主要参数

实验所用的刘易斯池，如图 4.3.1 所示。它一端内径为 90mm，高为 0.22m，池内体积为 1000mL，用一块聚四氟乙烯制成的界面环（环上每个小孔的面积为 3.8cm^2，共 6 个）把池分割成大致等体积的两隔室。两隔室的中间部位装有互相独立的六叶搅拌桨，在搅拌桨的四周各装设六叶垂直挡板，其作用在于防止在较高搅拌强度下造成界面扰动。两个搅拌桨由一个直流电机通过皮带轮驱动。一个光电传感器监测搅拌桨的转速，并装有可控硅调速装置，可方便地调整转速。两液相的加料经高位槽注入池内，取样通过上边法兰的取样口进行。另外配有恒温夹套，以调节和控制池内两相的温度。为防止取样后实际传质界面发生变化，在池的下端配有一个升降台，可以通过它随时调节液面处于界面环中心线的位置。

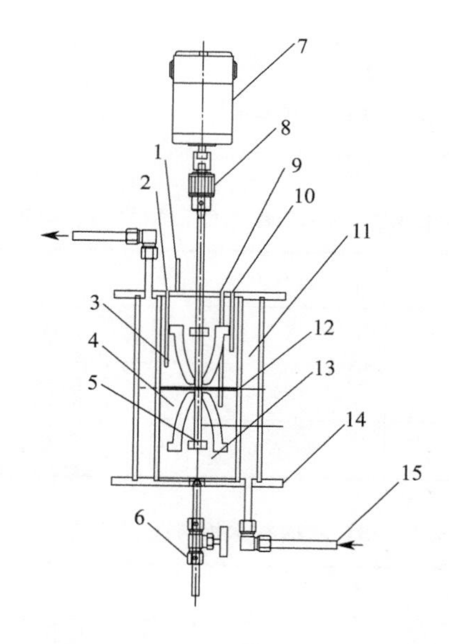

图 4.3.1　刘易斯池简图

1—加料口；2—温度计；3—上垂直挡板；4—下垂直挡板；5—下搅拌桨；6—放液阀；7—直流电机；8—联轴器；9—水相取样口；10—有机相（酯相）取样口；11—玻璃套筒；12—界面环；13—玻璃筒；14—下连接法兰；15—恒温水接口

2. 实验设备流程图及面板图

见图 4.3.2、图 4.3.3。

六、实验操作方法及步骤

本实验所用的物系为水-乙酸-乙酸乙酯。该体系的物理性质数据如表 4.3.1 所示，平衡数据如表 4.3.2 所示。

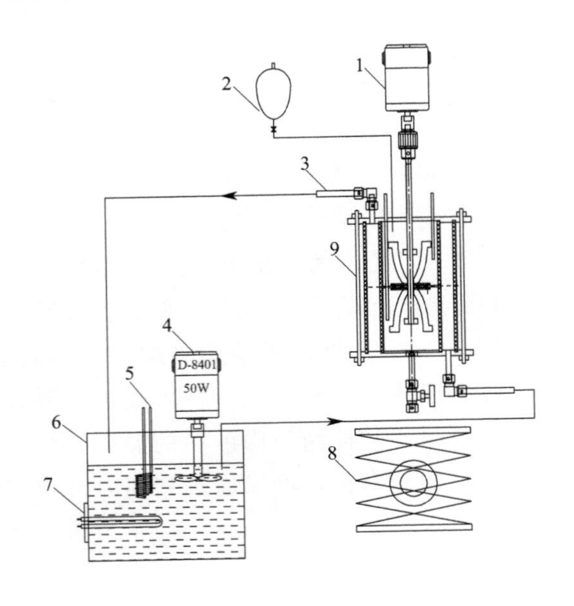

图 4.3.2 实验设备流程图

1—搅拌电机；2—高位槽；3—夹套循环水；4—循环水电机；

5—冷却水接口；6—恒温槽；7—加热棒；8—升降台；9—刘易斯池

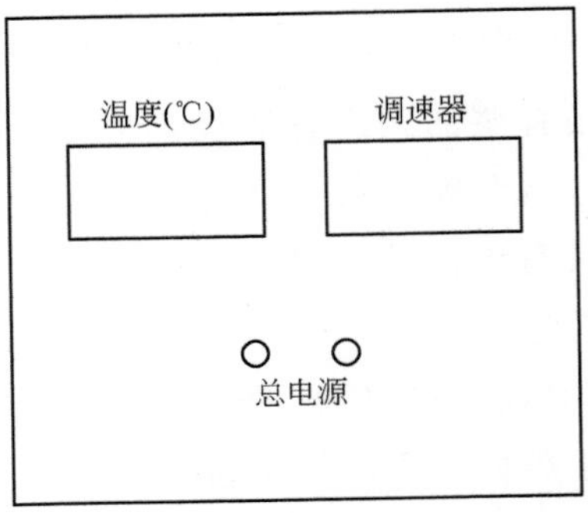

温度(℃)
调速器
总电源

图 4.3.3 实验装置面板图

表 4.3.1 水-乙酸-乙酸乙酯物理性质表

物理性质	黏度 $\mu\times10^5$/Pa·s	表面张力 σ/(N/m)	密度 ρ/(g/L)	扩散系数 $D\times10^9$/(m^2/s)
水	100.42	72.67	997.1	1.346
乙酸	130.0	23.90	1049	
乙酸乙酯	48.0	24.18	901	3.69

表 4.3.2 25℃ 乙酸在水相与酯相中的平衡浓度

酯相(质量分数)/%	0.0	2.50	5.77	7.63	10.17	14.26	17.73
水相(质量分数)/%	0.0	2.90	6.12	7.95	10.13	13.82	17.25
酯相浓度/(mol/L)	0.0	0.377	0.874	1.158	1.549	2.185	2.731
水相浓度/(mol/L)	0.0	0.483	1.020	1.326	1.692	2.314	2.891

(1) 实验开始前，用丙酮溶液清洗实验装置各个部位。

(2) 通过高位槽进行加料。首先加入第一相即重相水 450mL，调节界面环中心线的位置与液面重合；然后加入第二相即轻相乙酸乙酯 450mL。加入乙酸乙酯时要缓缓，尽量保持界面稳定，避免产生界面振动。

(3) 启动恒温水浴开关，控制池内温度在 25℃。启动搅拌，维持搅拌转速在 30～70r/min，如此工作约 30min，使两相互相饱和达到平衡状态。然后从高位槽加入一定量的乙酸约30mL，因为乙酸在两相中的溶质传递是从不平衡到平衡的一个过程，所以加入乙酸后就开始计时。

(4) 相隔5min同时取上层和下层样品，每相样品取1mL，采用0.1mol/L氢氧化钠标准溶液进行滴定。如此进行，测定8～10组数据并记录。

(5) 实验结束后，首先关闭搅拌，再关闭恒温水浴。将实验用药品放到回收桶中，整理好物品，一切复原，对实验数据进行整理。

(6) 改变搅拌速度或改变相应的实验参数或条件，重复以上(1)～(5)的实验步骤。

(7) 进行系统污染前后传质系数的测定。

七、实验注意事项

(1) 在向池内加料时，首先加入重相，再加入轻相。加入乙酸乙酯时要缓慢沿壁面加入，尽量避免界面振动太大。

(2) 取样分析时，为保证实验数据的准确性，对上层和下层样品要同时进行。

(3) 量取样品体积要准确。也可以采用取完样品后称重的办法，减小取样环节的误差。

(4) 搅拌转速控制要稳定。

八、实验数据记录与处理

1. 实验原始数据记录

将实验原始数据记录于表4.3.3及表4.3.4中。

表4.3.3　原始数据记录表1　搅拌速度______r/min　温度______℃

	序号	取样时间/s	NaOH体积/mL	(样品+针管)质量/g	针管质量/g	样品质量/g	样品体积/mL
上层酯相数据	0						
	1						
	2						
	3						
	4						
	5						
	6						
	7						
	8						
	9						
	10						

续表

	序号	取样时间/s	NaOH 体积/mL	(样品+针管)质量/g	针管质量/g	样品质量/g	样品体积/mL
下层水相数据	0						
	1						
	2						
	3						
	4						
	5						
	6						
	7						
	8						
	9						
	10						

表 4.3.4　原始数据记录表 2　将搅拌速度改变为________ r/min　温度 ______℃

	序号	取样时间/s	NaOH 体积/mL	(样品+针管)质量/g	针管质量/g	样品质量/g	样品体积/mL
上层酯相数据	0						
	1						
	2						
	3						
	4						
	5						
	6						
	7						
	8						
	9						
	10						
	序号	取样时间/s	NaOH 体积/mL	(样品+针管)质量/g	针管质量/g	样品质量/g	样品体积/mL
下层水相数据	0						
	1						
	2						
	3						
	4						
	5						
	6						
	7						
	8						
	9						
	10						

2. 实验数据处理

对应表 4.3.3 和表 4.3.4 的数据处理结果填入表 4.3.5 和表 4.3.6 中。

(1) 标绘 c_o、c_w 对 t 的关系图;

(2) 根据实验测定的数据，绘制 $\ln\frac{c_w^e - c_w(t)}{c_w^e - c_w(0)}$ 与时间 t 关系曲线、$\ln\frac{c_o^e - c_o(t)}{c_o^e - c_o(0)}$ 与时间 t 关系曲线;

(3) 计算传质系数 K_w、K_o。

表 4.3.5 对应表 4.3.3 的数据处理结果

搅拌速度______r/min 温度______℃

	序号	c_o/(mol/L)	c_w^*/(mol/L)	$[c_o^e - c_o(t)]$/(mol/L)	$[c_o^e - c_o(0)]$/(mol/L)	$\ln\frac{c_o^e - c_o(t)}{c_o^e - c_o(0)}$
上层酯相	0					
	1					
	2					
	3					
	4					
	5					
	6					
	7					
	8					
	9					
	10					
下层水相	序号	c_w/(mol/L)	c_o^*/(mol/L)	$[c_w^e - c_w(t)]$/(mol/L)	$[c_w^e - c_w(0)]$/(mol/L)	$\ln\frac{c_w^e - c_w(t)}{c_w^e - c_w(0)}$
	0					
	1					
	2					
	3					
	4					
	5					
	6					
	7					
	8					
	9					
	10					

表 4.3.6　对应表 4.3.4 的数据处理结果

将搅拌速度改变为______r/min　　温度______℃

	序号	c_o/(mol/L)	c_w^*/(mol/L)	$[c_o^e-c_o(t)]$/(mol/L)	$[c_o^e-c_o(0)]$/(mol/L)	$\ln\dfrac{c_o^e-c_o(t)}{c_o^e-c_o(0)}$
上层酯相	0					
	1					
	2					
	3					
	4					
	5					
	6					
	7					
	8					
	9					
	10					
	序号	c_w/(mol/L)	c_o^*/(mol/L)	$[c_w^e-c_w(t)]$/(mol/L)	$[c_w^e-c_w(0)]$/(mol/L)	$\ln\dfrac{c_w^e-c_w(t)}{c_w^e-c_w(0)}$
下层水相	0					
	1					
	2					
	3					
	4					
	5					
	6					
	7					
	8					
	9					
	10					

九、数据分析与讨论

(1) 讨论界面湍动对传质系数的影响。

(2) 讨论搅拌速度与传质系数的关系。

(3) 若系统被污染，试讨论系统污染对传质系数的影响。

(4) 分析实验误差的来源。

(5) 提出实验装置的改进意见。

实验四　固体小球对流传热系数测定

一、实验目的

（1）了解影响热量传递过程的工程因素；

（2）了解非定常态导热的特点以及毕奥数（Bi）的物理意义；

（3）学习不同环境与小球之间的对流传热系数的测定方法，会对实验数据进行处理，并进行误差分析；

（4）熟悉流化床和固定床的操作特点。

二、实验内容

（1）将嵌有热电偶的小球（钢制）悬挂在加热炉中，加热至设定温度，迅速取出，置于自然对流、强制对流、固定床和流化床等不同环境和流动状态下，通过实验可测得小球的冷却曲线，由温度记录仪记下 T-t 的关系；

（2）计算实验中小球的 Bi，验证是否小于 0.1；

（3）计算不同环境下相应的 α 和 Nu 的值，并比较和讨论不同环境下的对流传热系数大小；

（4）比较 Nu 的实验值与理论值。

三、实验原理

自然界和工程上，热量传递的机理有传导、对流和辐射。传热时可能有几种机理同时存在，也可能以某种机理为主，不同的机理对应不同的传热方式或规律。

当物体中有温度差存在时，热量将由高温处向低温处传递，物质的导热性主要是分子传递现象的表现。

通过对导热的研究，傅里叶提出：

$$q_y=\frac{Q_y}{A}=-\lambda\frac{\mathrm{d}T}{\mathrm{d}y} \tag{4.4.1}$$

式中，$\frac{\mathrm{d}T}{\mathrm{d}y}$为 y 方向上的温度梯度，K/m。

上式称为傅里叶定律，表明导热通量与温度梯度成正比。负号表明导热方向与温度梯度的方向相反。

金属的热导率比非金属大得多，大致在 50～415W/(m·K) 范围。纯金属的热导率随温度升高而减小，合金却相反，但纯金属的热导率通常高于由其所组成的合金。本实验中，小球材料的选取对实验结果有重要影响。

热对流是流体相对于固体表面做宏观运动时，引起的微团尺度上的热量传递过程。

事实上，它必然伴随有流体微团间以及与固体壁面间的接触导热，因而是微观分子热传导和宏观微团热对流两者的综合过程。具有宏观尺度上的运动是热对流的实质。流动状态（层流和湍流）的不同，传热机理也就不同。

牛顿提出对流传热物理性质的基本定律——牛顿冷却定律：

$$Q=qA=\alpha A(T_W-T_f) \tag{4.4.2}$$

α 并非物理性质常数，其取决于系统的物理性质因素、几何因素和流动因素，通常由实验来测定。本实验测定的是小球在不同环境和流动状态下的对流传热系数。

强制对流较自然对流传热效果好，湍流较层流的对流传热系数要大。

热辐射是温度不同的物体以电磁波形式，各辐射出具有一定波长的光子，当被相互吸收后所发生的换热过程。热辐射和热传导、热对流的换热规律有着显著的差别，传导与对流传热速率都正比于温度差，而与冷热物体本身的温度高低无关。热辐射则不然，即使温度差相同，还与两物体热力学温度的高低有关。本实验尽量避免热辐射对实验结果带来误差。

物体的突然加热和冷却过程属非定常导热过程。此时导热物体内的温度，既是空间位置又是时间的函数，$T=f(x, y, z, t)$。物体在导热介质的加热或冷却过程中，导热速率同时取决于物体内部的导热热阻以及与环境间的外部对流热阻。为了简化，不少问题可以忽略两者之一进行处理。然而能否简化，需要确定一个判据。通常定义无量纲特征数毕奥数（Bi），即物体内部导热热阻与物体外部对流热阻之比进行判断。

$$Bi=\frac{\text{内部导热热阻}}{\text{外部对流热阻}}=\frac{\delta/\lambda}{1/\alpha}=\frac{\alpha V}{\lambda A} \tag{4.4.3}$$

式中，δ 为特征尺寸，对于球体为 $R/3$，$\delta=V/A$。

若 Bi 很小，$\frac{\delta}{\lambda}\ll\frac{1}{\alpha}$，表明内部导热热阻远小于外部对流热阻，此时，可忽略内部导热热阻，可简化为整个物体的温度均匀一致，使温度仅为时间的函数，即 $T=f(t)$。这种将系统简化为具有均一性质进行处理的方法，称为集总参数法。实验表明，只要 $Bi<0.1$，忽略内部热阻进行计算，其误差不大于5%，通常为工程计算所允许。

将一直径为 d_s、温度为 T_0 的小球（钢制），置于温度为恒定 T_f 的周围环境中，若 $T_0>T_f$，小球的瞬时温度 T 随着时间 t 的增加而降低。根据热平衡原理，小球热量随时间的变化应等于通过对流换热向周围环境的散热速率。

$$-\rho CV\frac{\mathrm{d}T}{\mathrm{d}t}=\alpha A(T-T_f) \tag{4.4.4}$$

$$\frac{\mathrm{d}(T-T_f)}{T-T_f}=-\frac{\alpha A}{\rho CV}\mathrm{d}t \tag{4.4.5}$$

初始条件：$t=0$；$T-T_f=T_0-T_f$。

积分式（4.4.5）得：

$$\int_{T_0-T_f}^{T-T_f}\frac{\mathrm{d}(T-T_f)}{T-T_f}=-\frac{\alpha A}{\rho CV}\int_0^t\mathrm{d}t$$

$$\frac{T-T_f}{T_0-T_f}=\exp\left(-\frac{\alpha A}{\rho CV}t\right)=\exp(-Bi\cdot Fo) \tag{4.4.6}$$

$$Fo=\frac{at}{(V/A)^2} \tag{4.4.7}$$

定义时间常数 $\tau=\frac{\rho CV}{\alpha A}$，分析式（4.4.6）可知，当物体与环境间的热交换经历了四倍于时间常数的时间后，即 $t=4\tau$，可得：

$$\frac{T-T_f}{T_0-T_f}=e^{-4}=0.018$$

表明过余温度 $T-T_f$ 的变化已达 98.2%，以后的变化仅剩 1.8%，对工程计算来说，往后可近似作定常数处理。

对小球 $\frac{V}{A}=\frac{R}{3}=\frac{d_s}{6}$，代入式（4.4.6）整理得：

$$\alpha=\frac{\rho Cd_s}{6}\times\frac{1}{t}\ln\frac{T_0-T_f}{T-T_f} \tag{4.4.8}$$

或

$$Nu=\frac{\alpha d_s}{\lambda}=\frac{\rho Cd_s^2}{6\lambda}\times\frac{1}{t}\ln\frac{T_0-T_f}{T-T_f} \tag{4.4.9}$$

通过实验可测得小球在不同环境和流动状态下的冷却曲线，由温度记录仪记下 T-t 的关系，就可由式（4.4.8）和式（4.4.9）求出相应的 α 和 Nu 的值。

对于 $20<Re<180000$ 范围，即高 Re 下的气体，小球换热的经验式为：

$$Nu=\frac{\alpha d_s}{\lambda}=0.37Re^{0.6}Pr^{1/3} \tag{4.4.10}$$

若在静止流体中换热，$Nu=2$。

四、预习与思考

（1）影响热量传递的因素有哪些？

（2）非定常态导热的特点以及毕奥数（Bi）的物理意义有哪些？

（3）该实验对小球材料选择有何要求？为什么？

（4）本实验要求加热炉温度为 400～500℃，太高或太低有什么影响？

（5）对比不同环境和流动状态下的对流传热系数，分析哪些因素影响小球的对流传热系数？

五、实验装置基本情况

1. 实验设备流程图

实验设备流程图见（图 4.4.1）。

2. 实验设备主要参数

实验采用钢制小球，直径为 40mm，密度为 7900kg/m^3，比热容为 760J/（kg·K），

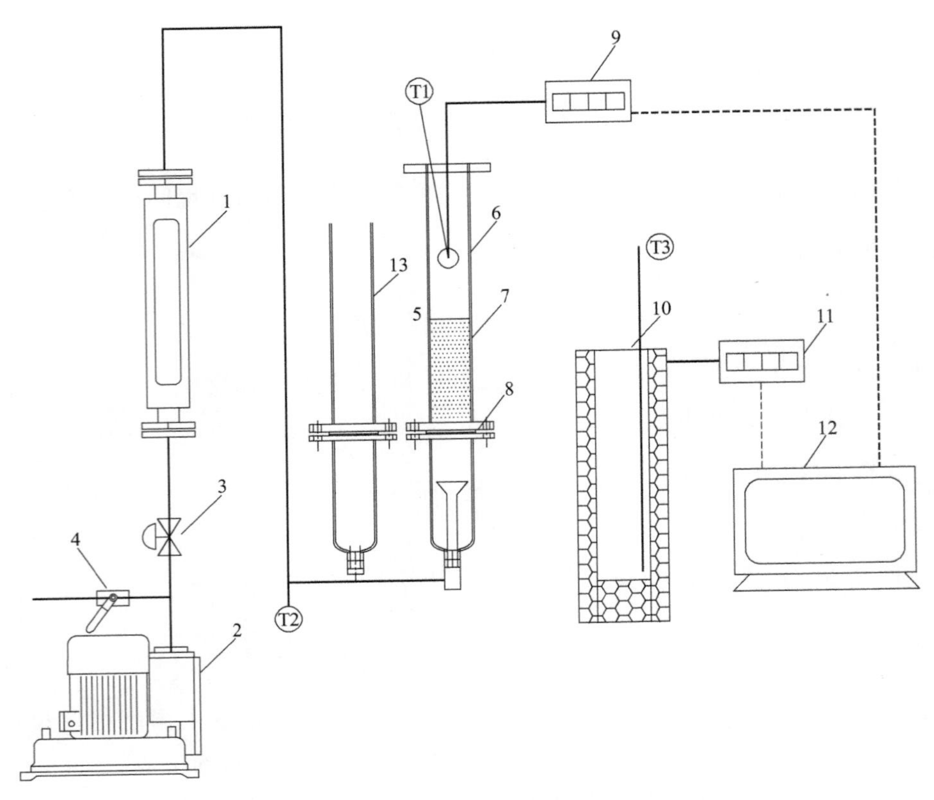

图 4.4.1 测定固体小球对流传热系数的实验装置

1—转子流量计；2—风机；3—调节阀；4—旁路调节阀；5—玻璃管；6—带嵌装热电偶的钢球；7—沙粒床层反应器；8—固定法兰；9—温度显示仪；10—电加热炉；11—温度控制器；12—计算机；13—反应器；T1—小球温度；T2—空气温度；T3—电炉内温度

热导率为 200W/(m·K)。

六、实验操作方法及步骤

(1) 打开管式加热炉的加热电源，设定炉内温度为 400～500℃。

(2) 将嵌有热电偶的小钢球悬挂在加热炉中，并打开计算机，启动数据记录程序，从温度记录仪上观察钢球温度的变化。当温度升至设定温度时，迅速取出钢球，放在不同的环境条件下进行实验，钢球的温度随时间变化的关系由计算机记录，称冷却曲线。

(3) 装置运行的环境条件有自然对流、强制对流、固定床和流化床。

(4) 强制对流实验：打开实验装置上的阀 4，关闭阀 3，开启风机，调节阀 3 和阀 4，使空气流量达到实验所需值。迅速取出加热好的钢球，置于反应器 13 中，记录下空气的流量和冷却曲线。

(5) 固定床实验：将加热好的钢球置于反应器中的沙粒层中，其他操作同 (4)，记录下空气的流量、反应器的压降和冷却曲线。

(6) 流化床实验：打开实验装置上的阀 4，关闭阀 3，开启风机，调节阀 3 和阀 4，使空气流量达到实验所需值。将加热好的钢球迅速置于反应器中的流化床层中，记录下空气的流量和冷却曲线。

（7）自然对流实验：将加热好的钢球迅速置于大气中，尽量减少小球附近大气扰动，记录下空气的流量和冷却曲线。

七、实验注意事项

（1）设定管式加热炉炉内的加热温度为 400～500℃，移动时切勿用手触摸，以防烫伤。

（2）移动小球时，为保证实验数据的准确性，动作要迅速。

（3）开启风机前，将风机旁路阀全开，以免损坏电机。

八、实验数据记录与处理

1. 实验原始数据记录

将实验原始数据记录于表 4.4.1 中。

表 4.4.1　原始数据记录表

强制对流实验数据记录　T_0=＿＿＿＿℃					
序号	空气流量/(m^3/h)	取样时间 t/s	小球温度 T/℃	空气温度 T_f/℃	炉内温度/℃
0					
1					
2					
3					
4					
5					
6					
7					
8					
9					
10					
固定床实验数据记录　T_0=＿＿＿＿℃					
序号	空气流量/(m^3/h)	取样时间 t/s	小球温度 T/℃	空气温度 T_f/℃	炉内温度/℃
0					
1					
2					
3					
4					
5					
6					
7					
8					
9					
10					

续表

流化床实验数据记录 $T_0=$ ____ ℃					
序号	空气流量/(m^3/h)	取样时间 t/s	小球温度 T/℃	空气温度 T_f/℃	炉内温度/℃
0					
1					
2					
3					
4					
5					
6					
7					
8					
9					
10					
自然对流实验数据记录 $T_0=$ ____ ℃					
序号	空气流量/(m^3/h)	取样时间 t/s	小球温度 T/℃	空气温度 T_f/℃	炉内温度/℃
0					
1					
2					
3					
4					
5					
6					
7					
8					
9					
10					

2. 实验数据处理

(1) 通过实验可测得钢球在不同环境和流动状态下的冷却曲线，由温度记录仪记下 T-t 的关系；

(2) 计算实验中小球的 Bi，验证是否小于 0.1；

(3) 计算不同环境下相应的 α 和 Nu 的值，并填入表 4.4.2 实验数据处理结果中；

(4) 将 Nu 的实验值与理论值进行比较。

表 4.4.2 实验数据处理结果

实验条件	α	Nu
强制对流		
固定床		
流化床		
自然对流		

九、数据分析与讨论

(1) 讨论不同环境对传热系数的影响。

(2) 讨论不同环境与小钢球之间的对流传热系数的影响，并对所得结果进行比较。

(3) 计算实验中小球的 Bi，验证是否小于0.1，确定实验过程中假定条件是否成立。

(4) 分析实验结果与理论值存在偏差的原因。

(5) 分析实验误差的来源。

实验五 碳分子筛变压吸附制备高纯氮

任何一种吸附对于同一吸附质来说，在吸附平衡情况下，温度越低，压力越高，吸附量越大；反之，温度越高，压力越低，则吸附量越小。因此，气体的吸附分离方法，通常采用变温吸附或变压吸附两种循环过程。如果压力不变，在常温或低温的情况下吸附，用高温解吸的方法，称为变温吸附。由于吸附剂的比热容较大而热导率较小，升温和降温都需要较长的时间，操作上比较麻烦，因此变温吸附主要用于含吸附质较少的气体净化方面。如果温度不变，在加压的情况下吸附，用减压（抽真空）或常压解吸的方法，称为变压吸附。变压吸附操作由于吸附剂的热导率较小，吸附热和解吸热所引起的吸附剂床层温度变化不大，故可将其看成等温过程。在等温的情况下，吸附剂对吸附质的吸附量随着压力的升高而增加，并随着压力的降低而减少，同时在减压过程中，放出被吸附的气体，使吸附剂再生，不需要外界供给热量便可进行吸附剂的再生。因此，变压吸附既称等温吸附，又称无热再生吸附。本实验以碳分子筛为吸附剂，通过变压吸附的方法分离空气中的氮气和氧气，达到提纯氮气的目的。

一、实验目的

(1) 了解和掌握连续变压吸附过程的基本原理和流程；

(2) 了解和掌握影响变压吸附效果的主要因素；

(3) 了解和掌握碳分子筛变压吸附提纯氮气的基本原理；

(4) 了解和掌握吸附床穿透曲线的测定方法和目的；

(5) 了解和掌握动态吸附容量的定义及计算方法。

二、实验原理

物质在吸附剂（固体）表面的吸附必须经过两个过程：一是通过分子扩散到达固体表面；二是通过范德华力或化学键合力的作用吸附于固体表面。因此，要利用吸附实现混合物的分离，被分离组分必须在分子扩散速率或表面吸附能力上存在明显差异。

碳分子筛吸附分离空气中 N_2 和 O_2 就是基于两者在扩散速率上的差异。N_2 和 O_2 都是非极性分子，分子直径十分接近（O_2 为 0.28nm，N_2 为 0.3nm），由于两者的物理性质相近，与碳分子筛表面的结合力差异不大，因此，从热力学（吸收平衡）角度看，碳分子筛对 N_2 和 O_2 的吸附并无选择性，难于使两者分离。然而，从动力学角度看，由于碳分子筛是一种速率分离型吸附剂，N_2 和 O_2 在碳分子筛微孔内的扩散速度存在明显差异，如 35℃时，O_2 的扩散速度为 2.0×10^6 mol/(m^2 · s)，O_2 的扩散速度比 N_2 快 30 倍，因此当空气与碳分子筛接触时，O_2 将优先吸附于碳分子筛而从空气中分离出来，使得空气中的 N_2 得以提纯。由于该吸附分离过程是一个速率控制的过程，因此，吸附时间的控制（即吸附-解吸循环速率的控制）非常重要。当吸附剂用量、吸附压力、气体流速一定时，适宜的吸附时间可通过测定吸附柱的穿透曲线来确定。

所谓穿透曲线就是出口流体中吸附质的浓度随时间的变化曲线。典型的穿透曲线如图 4.5.1 所示，由图可见吸附质的出口浓度变化呈 S 形曲线，在曲线的下拐点（a 点）之前，吸附质的浓度基本不变（控制在要求的浓度之下），此时，出口产品是合格的。越过下拐点之后，吸附质的浓度随时间增加，到达上拐点（b 点）后趋于进口浓度，此时，床层已趋于饱和，通常将下拐点（a 点）称为穿透点，上拐点（b 点）称为饱和点。通常将出口浓度达到进口浓度的 95%的点确定为饱和点，而穿透点的浓度应根据产品质量要求来定，一般略高于目标值。本实验要求 N_2 的浓度≥90%，因此，将穿透点定为 O_2 浓度在 7%～8%。

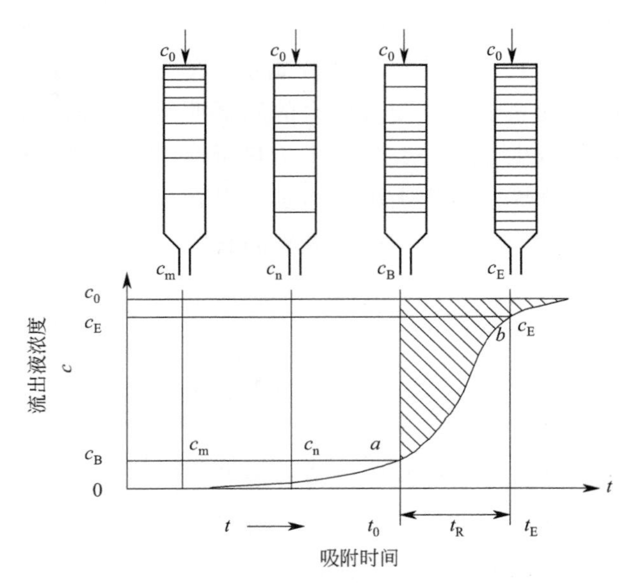

图 4.5.1 恒温固定床吸附器的穿透曲线

为确保产品质量，在实际生产中吸附柱有效工作区应控制在穿透点之前，因此，穿透点（a 点）的确定是吸附过程研究的重要内容。利用穿透点对应的时间（t_0）可以确定吸附装置的最佳吸附操作时间和吸附剂的动态吸附容量，而动态吸附容量是吸附装置设计放大的重要依据。

动态吸附容量的定义为：从吸附开始直至穿透点（a 点）的时段内，单位质量的吸附剂对吸附质的吸附量（即吸附质的质量/吸附剂质量）。

$$G=\frac{Vt_0(c_0-c_B)}{W} \tag{4.5.1}$$

式中 G——动态吸附容量（氧气质量/吸附剂质量），g/g；

V——实际气体流量，L/min；

t_0——达到穿透点的时间，s；

c_0——吸附质的进口浓度，g/L；

c_B——穿透点处，吸附质的出口浓度，g/L；

W——碳分子筛吸附剂的质量，g。

三、实验装置及流程

实验装置流程示意图见图 4.5.2。变压吸附装置是由两根可切换操作的吸附柱（A柱、B柱）构成，吸附剂为碳分子筛，各柱碳分子筛的装填量为 1.7kg。

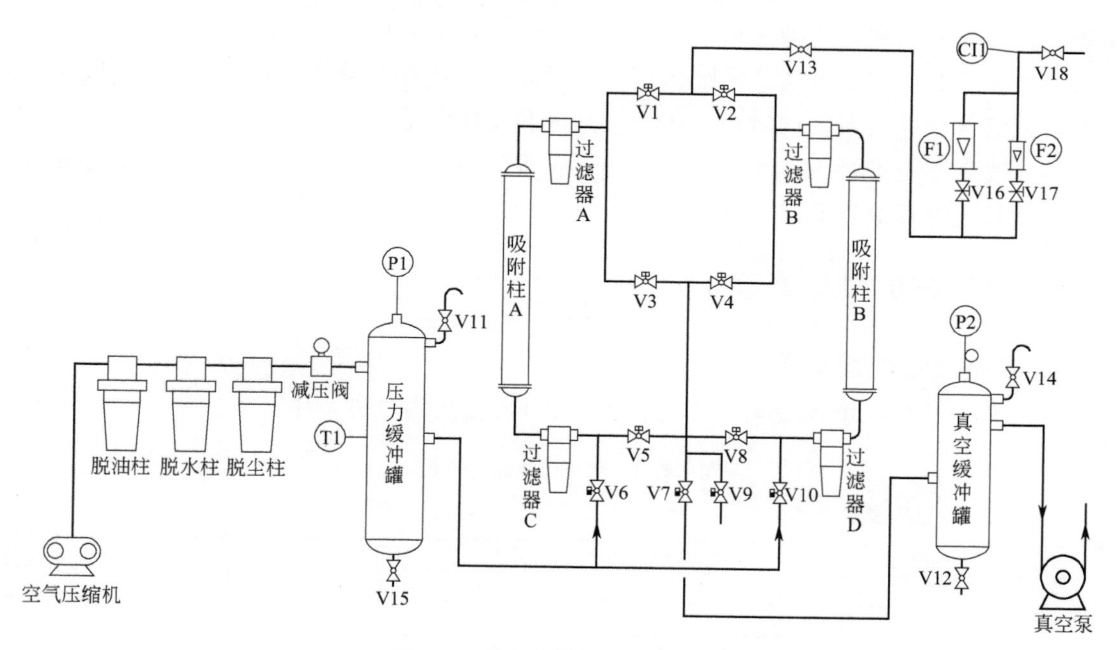

图 4.5.2 实验装置流程示意图

V1～V18—阀门；F1，F2—流量计；P1，P2—压力表；T1—温度计；CI1—浓度计

来自空压机的原料空气经三级过滤后进入吸附柱，气流的切换通过启动阀由计算机在线自动控制。

气体分析：出口气体中的氮气含量通过氮气传感器在线测定并记录。

四、预习与思考

（1）变压吸附属于化学吸附还是属于物理吸附？

（2）变压吸附有什么优点？

（3）为什么进入变压吸附装置的原料气要经过三级过滤？

（4）吸附剂的动态吸附容量是如何确定的？必须通过实验测定哪些参数？

（5）本实验为什么不考虑吸附过程的热效应？哪些吸附过程必须考虑热效应？

五、实验步骤

（1）实验准备：检查压缩机、真空泵是否正常；吸附设备和计算机控制系统之间的通信是否正常；氮气传感器是否正常。

（2）接通实验设备电源，开启吸附装置上的总电源。

（3）启动真空泵。

（4）调节压缩机出口稳压阀，使输出压力稳定在需要数值。

（5）设定吸附柱工作状态，调节气体流量阀，将流量控制稳定。

（6）利用计算机界面上按钮或手动切换启动阀，使两根吸附柱交替工作，同时记录实验数据。注意：根据实验过程氮气浓度变化选择合适的切换时间。

（7）穿透曲线测定方法：系统运行一段时间后，选取部分数据进行计算，记录取样时间与氮气含量的关系，同时记录压力、温度和气体流量。

（8）改变实验条件（压力或流量），然后重复（6）和（7）的操作。实验结束后，关闭压缩机，打开放空阀，关闭真空泵。

六、实验数据记录与处理

1. 实验原始数据记录

将实验原始数据填入表 4.5.1 及表 4.5.2（改变压力条件）中。

表 4.5.1　穿透曲线测定数据 1

吸附温度 T/℃：____；压力 P/MPa：____；气体流量 V/(L/h)：____

序号	吸附时间/min	出口氧含量/%	序号	吸附时间/min	出口氧含量/%
1			16		
2			17		
3			18		
4			19		
5			20		
6			21		
7			22		
8			23		
9			24		
10			25		
11			26		
12			27		
13			28		
14			29		
15			30		

表 4.5.2　穿透曲线测定数据 2（改变压力条件）

吸附温度 T/℃：____；压力 p/MPa：____；气体流量 V/(L/h)：____

序号	吸附时间/min	出口氧含量/%	序号	吸附时间/min	出口氧含量/%
1			16		
2			17		
3			18		
4			19		
5			20		
6			21		
7			22		
8			23		
9			24		
10			25		
11			26		
12			27		
13			28		
14			29		
15			30		

2. 实验数据处理

（1）根据实验数据，在同一张图上标绘两种压力下的吸附穿透曲线。

（2）若将出口氧气浓度为7%的点确定为穿透点，请根据穿透曲线确定不同压力条件下穿透点出现的时间 t_0，记录于表 4.5.3 中。

表 4.5.3　不同压力条件下穿透点出现的时间 t_0

压力 p/MPa	吸附温度 T/℃	气体流量 V/(L/h)	穿透时间 t_0/min

（3）计算不同压力条件下的动态吸附容量：

$$G=\frac{V_N \frac{29}{22.4} t_0 (y_0 - y_B)}{W} \tag{4.5.2}$$

$$V_N=\frac{T_0 p}{T p_0} V \tag{4.5.3}$$

式中　G——动态吸附容量（氧气质量/吸附剂质量），g/g；

V_N——标准状况下的气体流量，L/min；

t_0——达到穿透点的时间，s；

y_0——空气中氧气的浓度，%；

y_B——穿透点处氧气的出口浓度，%；

W——碳分子筛吸附剂的质量，g；

p——实际操作压力，MPa；

p_0——标准状况下的压力，MPa；

T——实际操作温度，K；

T_0——标准状况下的温度，K；

V——实际气体流量，L/min。

不同压力条件下的动态吸附容量计算结果填入表 4.5.4。

表 4.5.4 不同压力条件下的动态吸附容量计算结果

压力 p/MPa	吸附温度 T/℃	气体流量 V/(L/h)	穿透时间 t_0/min	动态吸附容量 G (氧气质量/吸附剂质量)/(g/g)

七、数据分析与讨论

(1) 一个完整的变压吸附循环包括哪些操作步骤?

(2) 吸附压力对吸附剂的穿透时间和动态吸附容量有何影响? 为什么?

(3) 根据实验结果，你认为本实验装置的吸附时间应该控制在多少合适?

(4) 该变压吸附装置在提纯氮气的同时，还具有富集氧气的作用，如果实验目的是为了获得富氧，实验装置及操作方案应做哪些改动?

(5) 提出对本实验的想法，包括实验装置的改进及实验数据的利用等。

实验六 反应精馏

一、实验目的

(1) 了解反应精馏实验设备的结构和特点，掌握反应精馏的操作过程；

(2) 改变回流比，运用相关科学原理，识别和判断反应精馏过程的关键因素；

(3) 对反应精馏过程建立合适的数学模型，进行全塔物料衡算，计算反应转化率和收率；

(4) 运用专业知识类比反应精馏与常规精馏，了解耦合反应与分离复杂化工过程的优越性。

二、实验内容

(1) 向釜内加入准确称量的乙醇和乙酸，开启塔釜、塔身保温和冷凝水开关，全回流操作 2h，塔顶和塔釜取样进行气相分析；

(2) 设定不同回流比，重复上述过程取样分析；

(3) 数据处理，对比各组数据，开展过程分析，讨论影响反应精馏过程的关键因素。

三、实验原理

分离操作在化工生产中占有十分重要的地位，在提高生产过程的经济效益和产品质量中起举足轻重的作用，对大型石油工业和以化学反应为中心的石油化工生产过程，分离装置的费用占总投资的 50%～90%。由于受到体系平衡态和副反应的限制，诸多反应过程的转化率难以进一步提升。单一的分离和反应过程已经难以同时满足生产效率、过程能耗、废物减排等多个指标的综合要求。因此，将分离与反应过程耦合，建立优势互补的新型高效组合技术，对推进化工产业高效化升级至关重要。

醇酸酯化反应是一种可逆平衡反应。若无催化剂存在，反应速率缓慢，以硫酸为催化剂虽然在动力学上能加快反应速率，但仍受热力学平衡限制，转化率只能维持在平衡转化的水平。以乙醇和乙酸的酯化反应为例，反应平衡常数与温度的关系如图 4.6.1 所示，当反应温度为 74℃时，乙酸的平衡转化率只有 33%。如果使其反应产物连续地从系统中分离出来，将会打破热力学平衡，促进反应向正向移动。

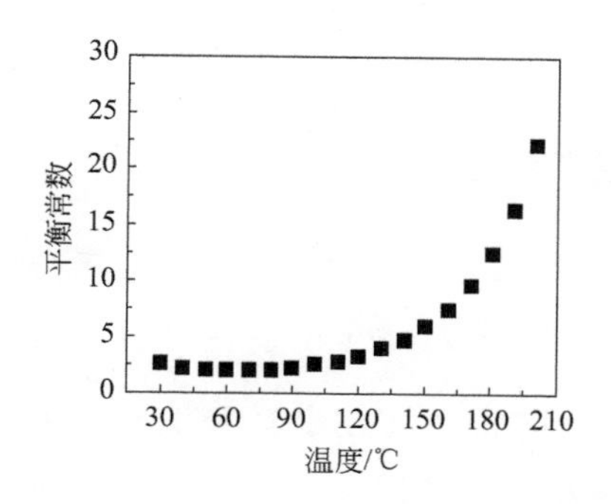

图 4.6.1　乙酸-乙醇酯化反应平衡常数与温度的关系

本实验以乙酸和乙醇为原料，通过反应精馏，实现提高酯化反应水平。具体地，在塔上部某处位置加入带有酸催化剂的乙酸，在塔下部某处位置加入乙醇。塔釜沸腾状态下塔内乙醇逐渐向上移动，乙酸向下移动，在不同填料高度上发生化学反应生成酯和水。此时塔内乙酸-乙醇-酯-水四元组分中，水-酯、水-醇形成二元共沸物，由于其沸点较低，将不断地从塔顶分离出来。与常规精馏不同，反应精馏过程既有物理相变的质量传递现象，又有物质变性的化学反应现象，两种现象相互影响，优势互补，从而提高酯化反应的效率。全过程可用物料衡算式和热量衡算式描述。

1. 物料平衡方程

全塔物料总平衡如图 4.6.2 所示。

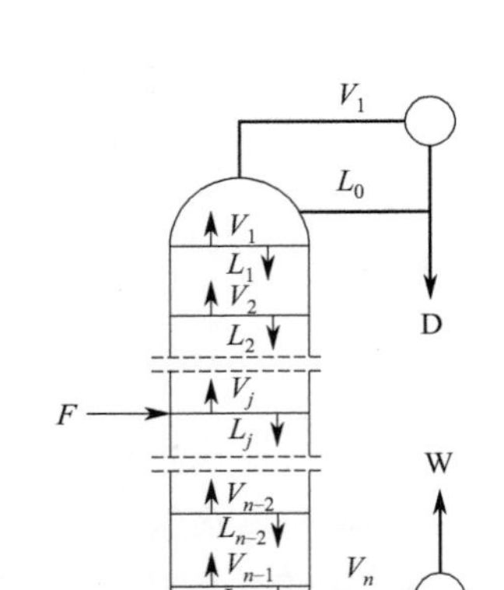

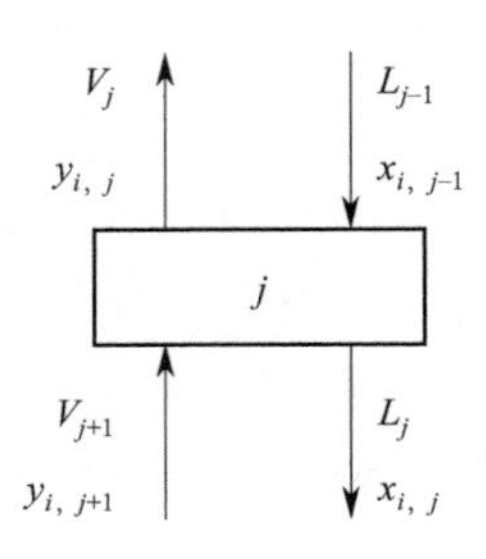

图 4.6.2　全塔物料总平衡图

对第 j 块理论板上的 i 组进行物料衡算如下：

$$L_{j-1}x_{i,j-1}+V_{j+1}y_{i,j+1}+F_j z_{j,i}+R_{i,j}=V_j y_{i,j}+L_j x_i \quad (4.6.1)$$

$$2\leqslant j\leqslant n,\ i=1,2,3,4$$

式中，F、V、L 分别表示进料、气相出料和液相出料中组分 i 的流量；z、y、x 为进料、气相出料和液相出料组分 i 的组成；R 为组分 i 的反应速率。

2. 气液平衡方程

对平衡级上某组分 i 有如下平衡关系：

$$K_{i,j}x_{i,j}-y_{i,j}=0 \quad (4.6.2)$$

式中，K 为组分 i 的相衡常数。

每块板上组成的总和应符合下式：

$$\sum_{i=1}^{n} y_{i,j}=1;\ \sum_{i=1}^{n} x_{i,j}=1 \quad (4.6.3)$$

3. 热量衡算方程

对平衡级上进行热量衡算，最终得到下式：

$$L_{j-1}h_{j-1}-V_jH_j-L_jh_j+V_{j+1}H_{j+1}+F_jH_{rj}-Q_j+R_jH_{rj}=0 \quad (4.6.4)$$

式中，H、h 分别表示气相、液相的摩尔焓；Q_j 为平衡级与系统交换的热量；H_r 为反应热。

四、预习与思考

（1）如何计算可逆反应的平衡转化率？

（2）精馏过程的原理是什么？

（3）精馏过程中塔釜温度、塔顶温度与组成的关系是什么？

五、实验装置基本情况

反应精馏塔用钛材料制成，直径 25mm，塔高 1500mm，塔内填装 ϕ3mm×3mm 不锈钢 θ 环形填料；塔身为伴热带保温，通电后使塔身加热保温。塔釜用 800W 钛材加热棒进行加热，通过电压控制器控制釜温。塔顶冷凝液体的回流采用摆动式回流比控制器操作控制。

六、实验操作方法及步骤

（1）向釜内加入准确称量的 210.7g 乙醇和 206.3g 乙酸溶液，加入几滴浓硫酸，并分析其成分组成。

（2）打开加热开关进行加热，调节加热电压 100～130V，待釜液沸腾，开启塔身保温开关，调节保温电压 30～50V。同时开启冷却水开关。

（3）当塔顶有液体出现时，查看塔顶温度，待塔顶温度稳定 10～15min 后，对塔顶与塔釜取样分析。开始向塔内进料，酸醇分子比定在 1∶1.3，进料速度为乙醇 3.5mL/min，乙酸 2.5mL/min。开启回流，把回流比定在 3∶1，进料后仔细观测塔底和塔顶温度。

（4）稳定操作 2h，其间每隔 30min 取塔顶与塔釜流出液样品，称重并分析组成。

（5）改变回流比，重复以上操作，取样分析，并将各组数据进行比对。

（6）实验全部完成后停车，先停止进料，停止加热，让持液全部流至塔釜，再取出塔顶流出液和釜液称重，停止通冷却水。将废液倒入废液瓶，收拾实验台。

反应精馏实验装置流程图见图 4.6.3。

七、实验注意事项

（1）称量过程中涉及浓硫酸，谨慎操作；

（2）检查各个阀门是否处于正确状态，防止跑冒滴漏；

（3）如果室温低，防止冰醋酸在流量计和塔釜环管等处结冰；

(4) 塔釜刚加热时，电压不宜过高，防止加热管炸裂；

(5) 确保气相色谱处于有载气状态时使用，关机时待检测器温度低于100℃关载气。

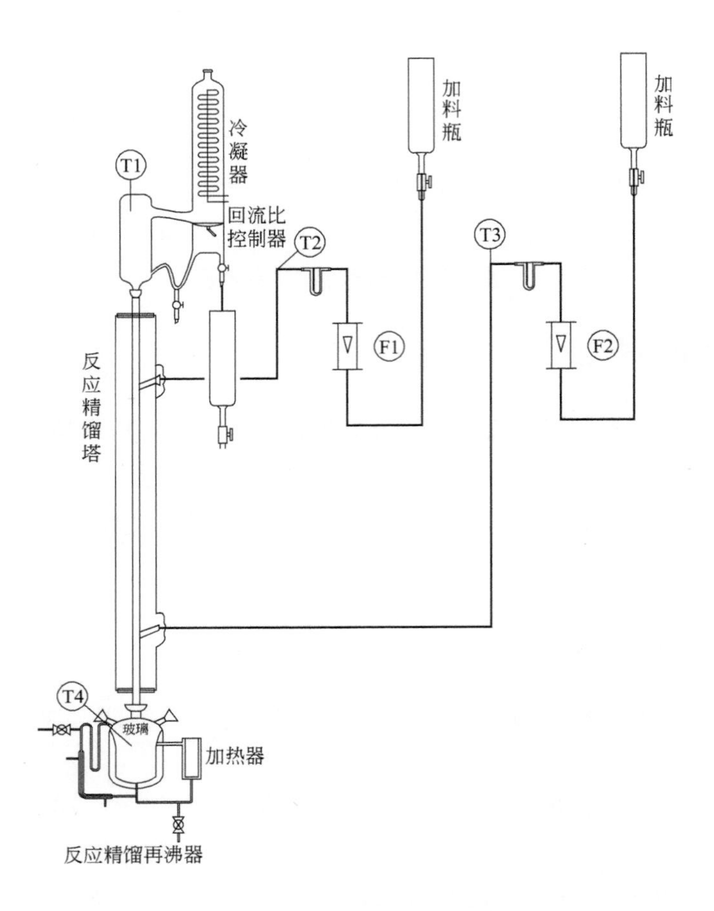

图 4.6.3 反应精馏实验装置流程图

T1～T4—温度计；F1，F2—流量计

八、实验数据记录与处理

1. 实验原始数据记录

将实验原始数据记录于表4.6.1～表4.6.5中。

表 4.6.1 原始数据记录表1 反应原料数据

序号	物质名称	加料量/g	峰面积
1	塔釜乙醇		
2	塔釜醋酸		
3	浓硫酸		

表 4.6.2　原始数据记录表 2 温度记录表（全回流）

序号	时间	塔顶温度/℃	塔釜温度/℃	序号	时间	塔顶温度/℃	塔釜温度/℃
1				11			
2				12			
3				13			
4				14			
5				15			
6				16			
7				17			
8				18			
9				19			
10				20			

表 4.6.3　原始数据记录表 3 回流比-1 ______

物质名称	加料速率/(mL/min)
乙醇	
乙酸	

温度记录表

序号	时间	塔顶温度/℃	塔釜温度/℃
1			
2			
3			
4			
5			
6			
7			
8			
9			
10			

气相色谱分析　塔顶质量______g；　塔釜质量______g

	物质名称	停留时间/min	峰面积	质量分数/%
塔顶	水			
	乙醇			
	乙酸乙酯			
塔釜	水			
	乙醇			
	乙酸			
	乙酸乙酯			

表 4.6.4 原始数据记录表 4 回流比-2______

<table>
<tr><td colspan="2">物质名称</td><td colspan="3">加料速率/(mL/min)</td></tr>
<tr><td colspan="2">乙醇</td><td colspan="3"></td></tr>
<tr><td colspan="2">乙酸</td><td colspan="3"></td></tr>
<tr><td colspan="5">温度记录表</td></tr>
<tr><td>序号</td><td>时间</td><td colspan="2">塔顶温度/℃</td><td>塔釜温度/℃</td></tr>
<tr><td>1</td><td></td><td colspan="2"></td><td></td></tr>
<tr><td>2</td><td></td><td colspan="2"></td><td></td></tr>
<tr><td>3</td><td></td><td colspan="2"></td><td></td></tr>
<tr><td>4</td><td></td><td colspan="2"></td><td></td></tr>
<tr><td>5</td><td></td><td colspan="2"></td><td></td></tr>
<tr><td>6</td><td></td><td colspan="2"></td><td></td></tr>
<tr><td>7</td><td></td><td colspan="2"></td><td></td></tr>
<tr><td>8</td><td></td><td colspan="2"></td><td></td></tr>
<tr><td>9</td><td></td><td colspan="2"></td><td></td></tr>
<tr><td>10</td><td></td><td colspan="2"></td><td></td></tr>
<tr><td colspan="5">气相色谱分析　塔顶质量______g；　塔釜质量______g</td></tr>
<tr><td></td><td>物质名称</td><td>停留时间/min</td><td>峰面积</td><td>质量分数/%</td></tr>
<tr><td rowspan="3">塔顶</td><td>水</td><td></td><td></td><td></td></tr>
<tr><td>乙醇</td><td></td><td></td><td></td></tr>
<tr><td>乙酸乙酯</td><td></td><td></td><td></td></tr>
<tr><td rowspan="4">塔釜</td><td>水</td><td></td><td></td><td></td></tr>
<tr><td>乙醇</td><td></td><td></td><td></td></tr>
<tr><td>乙酸</td><td></td><td></td><td></td></tr>
<tr><td>乙酸乙酯</td><td></td><td></td><td></td></tr>
</table>

表 4.6.5 原始数据记录表 5 回流比-3______

<table>
<tr><td colspan="2">物质名称</td><td colspan="2">加料速率/(mL/min)</td></tr>
<tr><td colspan="2">乙醇</td><td colspan="2"></td></tr>
<tr><td colspan="2">乙酸</td><td colspan="2"></td></tr>
<tr><td colspan="4">温度记录表</td></tr>
<tr><td>序号</td><td>时间</td><td>塔顶温度/℃</td><td>塔釜温度/℃</td></tr>
<tr><td>1</td><td></td><td></td><td></td></tr>
<tr><td>2</td><td></td><td></td><td></td></tr>
<tr><td>3</td><td></td><td></td><td></td></tr>
<tr><td>4</td><td></td><td></td><td></td></tr>
<tr><td>5</td><td></td><td></td><td></td></tr>
<tr><td>6</td><td></td><td></td><td></td></tr>
<tr><td>7</td><td></td><td></td><td></td></tr>
<tr><td>8</td><td></td><td></td><td></td></tr>
<tr><td>9</td><td></td><td></td><td></td></tr>
<tr><td>10</td><td></td><td></td><td></td></tr>
</table>

续表

气相色谱分析　塔顶质量______g；　塔釜质量______g				
	物质名称	停留时间/min	峰面积	质量分数/%
塔顶	水			
	乙醇			
	乙酸乙酯			
塔釜	水			
	乙醇			
	乙酸			
	乙酸乙酯			

2. 实验数据处理

根据下式计算反应转化率和收率。

转化率=[(原釜内乙酸量)-(馏出物乙酸量+釜残液乙酸量)]/原釜内乙酸量

收率=生成乙酸乙酯量/乙酸加料量相对应生成的乙酸乙酯量

进行乙酸和乙醇的全塔物料衡算，计算塔内反应收率、转化率等。

数据处理举例：

相对质量校正因子			
$f_{水}=0.788$	$f_{醇}=1.06$	$f_{酸}=1.67$	$f_{酯}=1.38$

塔顶各组分质量分数：

水：

$$W_{水}\%=\frac{f_{水}A_{水}\%}{\sum f_iA_i\%}=\frac{0.788\times 17930.84}{0.788\times 17930.84+1.06\times 54150.703+1.38\times 607649.162}=0.02$$

乙醇：

$$W_{乙醇}\%=\frac{f_{乙醇}A_{乙醇}\%}{\sum f_iA_i\%}=\frac{1.06\times 54150.703}{0.788\times 17930.84+1.06\times 54150.703+1.38\times 607649.162}=0.06$$

乙酸乙酯：

$$W_{酯}\%=\frac{f_{酯}A_{酯}\%}{\sum f_iA_i\%}=\frac{1.38\times 607649.162}{0.788\times 17930.84+1.06\times 54150.703+1.38\times 607649.162}=0.92$$

九、数据分析与讨论

(1) 比较反应精馏的转化率与平衡转化率。

(2) 对比各小组之间塔顶温度、组成的差异，讨论塔顶温度与组成的关系。

(3) 讨论回流比对产物分布有何影响。

(4) 评价反应精馏过程的先进性与局限性。

(5) 调研文献，结合其他化工过程强化手段，评述过程强化的优越性。

实验七　一氧化碳中低温变换

一、实验目的

（1）深入学习气固多相催化反应理论，初步了解工艺设计思想；

（2）掌握气固多相催化反应动力学实验研究方法及催化剂活性的评比方法；

（3）获得两种催化剂上变换反应的速率常数 k_T 与活化能 E；

（4）掌握固体催化剂催化活性的测定方法，增强学生利用计算机处理实验数据的能力，并进行误差分析。

二、实验内容

（1）测定并计算一氧化碳在不同反应温度及汽气比下的中温变换率 α_1 和低温变换率 α_2；

（2）根据实验数据，计算得到中变反应速率常数 k_{T_1} 和低变反应速率常数 k_{T_2}；

（3）绘制 $\ln k_T$ 对 $\dfrac{1}{T}$ 的关系曲线图，计算得到中变活化能 E_1 和低变活化能 E_2。

三、实验原理

一氧化碳的变换反应：　　$CO + H_2O \rightleftharpoons CO_2 + H_2$

反应必须在催化剂存在的条件下进行。中温变换采用铁基催化剂，反应温度为 350～500℃；低温变换采用铜基催化剂，反应温度为 220～320℃。

设反应前气体混合物中各组分干基摩尔分数为 $y^0_{CO,d}$、$y^0_{CO_2,d}$、$y^0_{H_2,d}$、$y^0_{N_2,d}$；初始汽气比为 R_o；反应后气体混合物中各组分干基摩尔分数为 $y_{CO,d}$、$y_{CO_2,d}$、$y_{H_2,d}$、$y_{N_2,d}$。一氧化碳的变换率为：

$$\alpha = \frac{y^0_{CO,d} - y^0_{CO,d}}{y^0_{CO,d}(1 + y^0_{CO,d})} = \frac{y^0_{CO_2,d} - y^0_{CO_2,d}}{y^0_{CO,d}(1 - y^0_{CO_2,d})} \tag{4.7.1}$$

根据研究，铁基催化剂上一氧化碳中温变换反应本征动力学方程可表示为：

$$r_1 = -\frac{dN_{CO}}{dW} = \frac{dN_{CO_2}}{dW} = k_{T_1} p_{CO} p_{CO_2}^{-0.5}\left(1 - \frac{p_{CO_2} p_{H_2}}{K_p p_{CO} p_{H_2O}}\right) = k_{T_1} f_1(p_i)\ [\mathrm{mol/(g \cdot h)}] \tag{4.7.2}$$

铜基催化剂上一氧化碳低温变换反应本征动力学方程可表示为：

$$r_2 = -\frac{dN_{CO}}{dW} = \frac{dN_{CO_2}}{dW} = k_{T_2} p_{CO} p_{H_2O}^{0.2} p_{CO_2}^{-0.5} p_{H_2}^{-0.2}\left(1 - \frac{p_{CO_2} p_{H_2}}{K_p p_{CO} p_{H_2O}}\right) = k_{T_2} f_2(p_i)\ [\mathrm{mol/(g \cdot h)}] \tag{4.7.3}$$

式中 r_i——反应速率，mol/(g·h)；

k_{T_i}——反应速率常数，mol/(g·h·kPa$^{1/2}$)；

N_{CO}、N_{CO_2}——一氧化碳、二氧化碳的摩尔流量，mol/h；

W——催化剂量,g；

p_i——各组分的分压,kPa；

K_p——以分压表示的平衡常数。

$$K_p=\exp\left[2.3026\times\left(\frac{2185}{T}-\frac{0.1102}{2.3026}\ln T+0.6218\times10^{-3}T-1.0604\times10^{-7}T^2-2.218\right)\right] \tag{4.7.4}$$

式中 T——反应温度，K。

在恒温下，由积分反应器的实验数据，可按下式计算反应速率常数 k_{T_i}：

$$k_{T_i}=\frac{V_{0,i}y_{CO}^0}{22.4W}\int_0^{\alpha_{i出}}\frac{d\alpha_i}{f_i(p_i)} \tag{4.7.5}$$

式中 $V_{0,i}$——反应器入口湿基标准态体积流量，L/h；

y_{CO}^0——反应器入口 CO 的湿基摩尔分数；

$\alpha_{i出}$——中变或低变反应器出口一氧化碳的变换率。

采用图解积分法或编制程序计算，即可由式(4.7.5)获得某一温度下的反应速率常数值。测得多个温度的反应速率常数值，根据阿累尼乌斯方程 $k_T=k_0e^{-\frac{E}{RT}}$ 即可求得指前因子 k_0 和活化能 E。

由于中变以后引出部分气体分析，故低变气体的流量需重新计算，低变气体的入口组成需由中变气体经物料衡算得到，即等于中变气体的出口组成：

$$y_{1H_2O}=y_{H_2O}^0-y_{CO}^0\alpha_1 \tag{4.7.6}$$

$$y_{1CO}=y_{CO}^0(1-\alpha_1) \tag{4.7.7}$$

$$y_{1CO_2}=y_{CO_2}^0+y_{CO}^0\alpha_1 \tag{4.7.8}$$

$$y_{1H_2}=y_{H_2}^0+y_{CO}^0\alpha_1 \tag{4.7.9}$$

式中 y_{1i}——i 组分中变出口湿基摩尔分数；

y_i^0——i 组分中变入口湿基摩尔分数；

α_1——中变反应器中一氧化碳的变换率。

$$V_2=V_1-V_{分}=V_0-V_{分} \tag{4.7.10}$$

$$V_{分}=V_{分,d}(1+R_1)=V_{分,d}\frac{1}{1-(y_{H_2O}^0-y_{CO}^0\alpha_1)} \tag{4.7.11}$$

式中 V_2——低变反应器中湿基气体的流量，L/h；

V_1——中变反应器中湿基气体的流量，L/h；

V_0——中变反应器入口湿基气体流量，L/h；

$V_{分}$——中变后引出分析的湿基气体流量，L/h；

$V_{分,d}$——中变后引出分析的干基气体流量，L/h；

R_1——低变反应器入口汽气比。

转子流量计计量的 $V_{分,d}$，需进行分子量换算，从而需求出中变出口各组分干基摩尔分数 $y_{1i,d}$ 与混合气体分子量 $m_{混}$：

$$y_{1CO,d}=\frac{y_{CO,d}^{0}(1-\alpha_1)}{1+y_{CO,d}^{0}\alpha_1} \tag{4.7.12}$$

$$y_{1CO_2,d}=\frac{y_{CO_2,d}^{0}+y_{CO,d}^{0}\alpha_1}{1+y_{CO,d}^{0}\alpha_1} \tag{4.7.13}$$

$$y_{1H_2,d}=\frac{y_{H_2,d}^{0}+y_{CO,d}^{0}\alpha_1}{1+y_{CO,d}^{0}\alpha_1} \tag{4.7.14}$$

$$y_{1N_2,d}=\frac{y_{N_2,d}^{0}}{1+y_{CO,d}^{0}\alpha_1} \tag{4.7.15}$$

$$m_{混}=\sum_{i=1}^{4}m_i y_{1i,d} \tag{4.7.16}$$

同中变计算方法，可得到低变反应速率常数及活化能。

在进行本征动力学测试时，应按下述原则正确选择实验条件：

(1) 消除内扩散、外扩散影响，使反应处于化学动力学控制。采用较小颗粒的催化剂以消除内扩散影响，采用较高的气体空速［20000～30000mol/(g·h)］以消除外扩散影响。

(2) 减小反应器中径向温度差与浓度差。采用惰性物料石英砂稀释催化剂，装填较少量的催化剂，使反应热不至于过分集中。选用适当的反应管内径与颗粒的直径之比，选用较小的反应管径，减小壁效应。

(3) 应在催化剂活性相对稳定期间进行实验。

四、预习与思考

(1) 设计一氧化碳中低温变换实验的意义。

(2) 以一氧化碳变换反应为例，试分析气固多相催化反应过程主要包括哪几个步骤？

(3) 氮气在本实验中的作用是什么？

(4) 在进行本征动力学测定时，应用哪些原则选择实验条件？

(5) 中低温变换反应器采用了哪种形式？试说明原因。

五、实验装置基本情况

实验装置流程图见图 4.7.1，实验装置面板图见图 4.7.2。

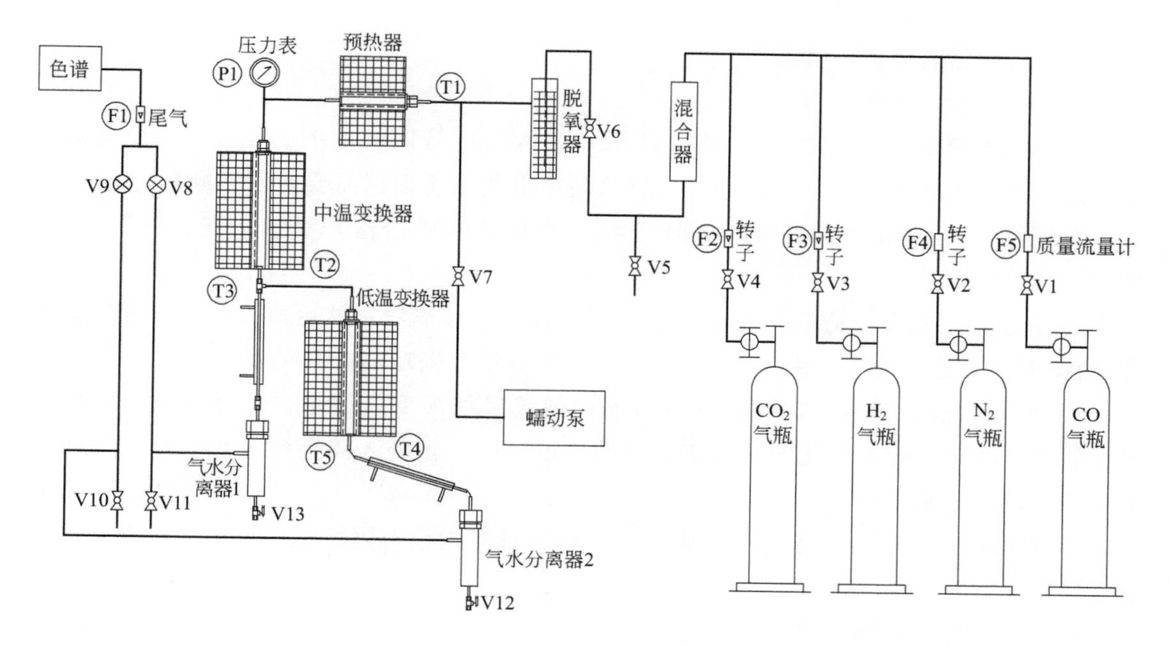

图 4.7.1　实验装置流程图

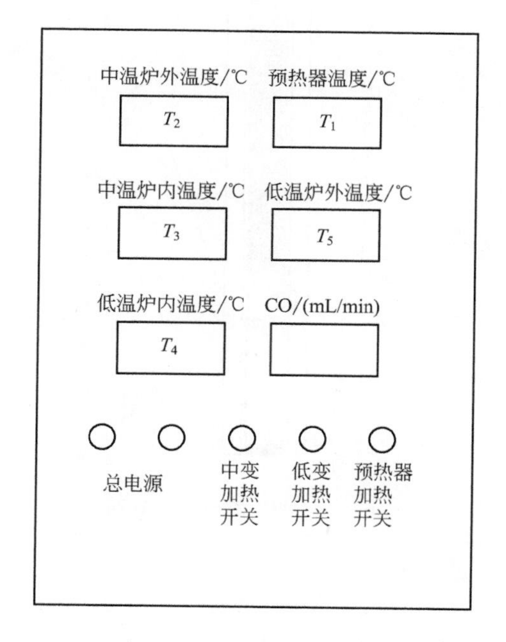

图 4.7.2　实验装置面板图

六、实验操作方法及步骤

1. 开车前准备工作

（1）检查气瓶及减压阀是否有损坏。

(2) 检查冷却水系统。

(3) 检查色谱能否正常工作。

(4) 按要求装填催化剂

① 准备好催化剂，用托盘天平称取 6g，装入反应管内长度约为 40mm，根据测得的管长，将催化剂填充至反应段中央位置（装填催化剂量根据需要有所不同）。

② 准备 2～3mm 的碎瓷环，瓷环应预先在稀盐酸中浸泡，经过水洗、高温烧结，以除去催化活性。

③ 从装置上卸下反应管，在反应管底部放入少量玻璃棉，然后放入适量高度的瓷环（以确保催化剂处于反应段的最佳位置为准），准备量取瓷环高度并记录。

④ 加入 40mm 石英砂，将称量好的催化剂缓慢加入反应器中，并轻微振动，然后记录催化剂高度，确定催化剂在反应器内的装填高度，再装入碎瓷环至反应管口（切记不要填至反应管密封口处）。

⑤ 装填过程中需轻轻敲打反应管外壁，以保证管内没有阻塞现象，然后将反应器顶部密封。

催化剂填充示意图见图 4.7.3。

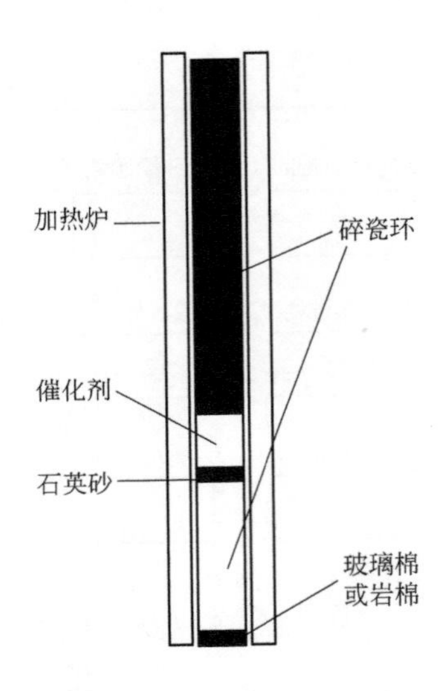

图 4.7.3 催化剂填充示意图

2. 实验操作步骤

(1) 开车步骤

① 开启氮气钢瓶，置换系统约 10min；

② 打开设备总电源，开启加热炉开关，控制各个炉子所需温度，即预热器 200℃，中变炉 360℃，低变炉 240℃。打开冷却水开关。

③ 当炉子都控制在指定温度后，关闭氮气终端阀，打开蒸馏水出口阀，开启蠕动泵，调节在 5～15r/min 转速下，使蒸馏水进入预热器内，进水约 10min 后，开启一氧

化碳终端阀，用仪表调节到指定流量（60mL/min）。

④ 系统稳定 30 min 左右后，在线进样分析，每隔 20min 记录实验条件并用色谱分析尾气浓度。

⑤ 改变水蒸气与原料气的汽气比进行对比实验；改变中变炉及低变炉的反应温度进行对比实验。

（2）停车步骤

① 实验结束后，关闭一氧化碳终端阀及质量流量计，切换到氮气终端阀，通入氮气后关闭各个加热炉的开关。

② 5min 后依次关闭蠕动泵及蒸馏水出口阀。

③ 待炉内温度低于 200℃时，关闭氮气终端阀，关闭各阀门及流量计，关闭各仪表电源及总电源，关闭冷却水，关闭一氧化碳钢瓶及氮气钢瓶（室外放置）的总阀，将气液分离器中液相水放掉。

七、实验注意事项

（1）由于实验过程有水蒸气加入，为避免水汽在反应器内冷凝使催化剂结块，必须在预热器和反应床温升至 150℃以后才能启用蠕动泵，而停车时，在预热器和反应床温降到 150℃以前关闭蠕动泵。

（2）由于催化剂在无水条件下，原料气会将它过度还原而失活，故在原料气通入系统前要先加入水蒸气。停车时，必须先切断原料气，后切断水蒸气。

八、实验数据记录与处理

1. 实验原始数据记录

将实验原始数据记录于表 4.7.1 及表 4.7.2 中。

表 4.7.1　实验数据记录表 1

序号	反应温度/℃		CO 流量/(mL/min)	蠕动泵转速/(r/min)	蒸馏水流量/(mL/min)	CO 分析值/%		CO_2 分析值/%	
	中变	低变				中变	低变	中变	低变
1									
2									
3									
4									

注：中低温变换反应压力均为常压。

表 4.7.2　实验数据记录表 2

空气温度/℃	大气压力/kPa	原料气组成				流量/(mL/min)		预热器温度/℃	过热蒸汽比体积(0.1MPa,200℃)/(cm^3/g)
		CO	CO_2	H_2	N_2	总	分		

2. 实验数据处理

(1) 计算 CO 的中温、低温变换率 α_1、α_2；

(2) 计算中变、低变的反应速率常数 k_{T_1}、k_{T_2}；

(3) 绘制 $\ln k_T$ 对 $\frac{1}{T}$ 的关系曲线图，计算得到中变、低变反应的活化能 E_1、E_2。

将实验数据记录于表 4.7.3～表 4.7.7 中。

表 4.7.3 不同反应条件下的气体组成

蠕动泵转速______r/min

序号	项目		中变进口（湿基）	低变进口（湿基）	中变出口分析（干基）	低变出口分析（干基）
1	反应温度/℃					
	组成	CO				
		H_2				
		CO_2				
		H_2O				
2	反应温度/℃					
	组成	CO				
		H_2				
		CO_2				
		H_2O				

表 4.7.4 不同反应条件下的中温、低温变换率

序号	中变温度/℃	低变温度/℃	蠕动泵转速/(r/min)	中温变换率 α_1	低温变换率 α_2
1					
2					
3					
4					

表 4.7.5 中变求 k_{T_1} 的积分用数据表

蠕动泵转速______r/min

1. 第一组反应温度:中变　　　　低变					
α_1					
y_{CO}					
y_{CO_2}					
y_{H_2}					
y_{H_2O}					
$f_i(p_i)/kPa^{1/2}$					

续表

2. 第二组反应温度：中变　　低变					
α_1					
y_{CO}					
y_{CO_2}					
y_{H_2}					
y_{H_2O}					
$f_i(p_i)/kPa^{1/2}$					

表 4.7.6　低变求 k_{T_2} 的积分用数据表

蠕动泵转速____r/min

1. 第一组反应温度：中变　　低变					
α_2					
y_{CO}					
y_{CO_2}					
y_{H_2}					
y_{H_2O}					
$f_i(p_i)/kPa^{1/2}$					
2. 第二组反应温度：中变　　低变					
α_2					
y_{CO}					
y_{CO_2}					
y_{H_2}					
y_{H_2O}					
$f_i(p_i)/kPa^{1/2}$					

表 4.7.7　中变及低变的 $\ln k_T$-$\frac{1}{T}$ 数据表

项目一	中变		低变	
	1	2	1	2
T/K				
k_T				
$\frac{1}{T}$				
$\ln k_T$				
项目二	$k_{01}=$		$k_{02}=$	
	$E_1=$		$E_2=$	

九、数据分析与讨论

（1）讨论水蒸气/CO 摩尔比对变换率的影响。

（2）讨论变换温度与反应速率常数的关系。

（3）分析实验误差的来源。

（4）提出实验装置的修改意见。

实验八　连续流动反应器的返混测定综合实验

在连续流动的反应器内，不同停留时间的物料之间的混合称为返混。返混影响系统中的温度分布和浓度分布，故对化工分离过程和反应过程来说，返混问题至关重要。

返混是流动系统的内在流动特征，一般很难直接测定，通常是利用物料在反应器中的停留时间分布来研究。一定的返混流动模式会表现出确定的停留时间分布，但同样的停留时间分布却可能由不同的返混流动模式造成。所以从停留时间分布不能确切推测流动模式，还需要借助反应器流动模型来表达。

描述返混的流动模型可分为理想流动模型和非理想流动模型两大类。理想流动模型描述了返混的两种极限情况，即返混为零的平推流（也叫活塞流）模型和返混为最大的全混流模型。非理想流动模型是对实际工业反应器中流体流动状况与理想流动偏差的描述。对于实际工业反应器，在测定物料停留时间分布的基础上，确定非理想流动模型参数，从而表示与理想模型的偏离程度。

一、实验目的

（1）通过实验了解停留时间分布测定的基本原理和实验方法。

（2）掌握停留时间分布的统计特征值的计算方法。

（3）学会用多釜串联模型来描述搅拌釜式反应器的返混程度。

（4）学会用轴向扩散模型来描述管式、流化床反应器的返混程度。

（5）了解搅拌釜式、管式、流化床反应器的结构特点和工作原理，掌握其操作方法。

二、实验内容

（1）采用脉冲示踪法分别测定单釜（不同转速）、三釜串联、管式、流化床反应器内物料的停留时间分布。

（2）用离散法计算停留时间分布的统计特征值数学期望和方差。

（3）运用多釜串联模型描述单釜（不同转速）和三釜串联反应器的返混程度；运用轴向扩散模型描述管式和流化床反应器的返混程度。

三、实验原理

停留时间分布测定所采用的方法主要是示踪响应法。它的基本思路是：在反应器入口以一定的方式加入示踪剂，然后通过测量反应器出口处示踪剂浓度的变化，间接地描述反应器内流体的停留时间。常用的示踪剂加入方式有脉冲输入、阶跃输入和周期输入法等。本实验选用的是脉冲输入法，示踪剂为饱和氯化钾溶液，其浓度与待测电导率呈线性关系。

脉冲输入法是在极短的时间内，将示踪剂从系统的入口处注入流体，在不影响主流体原有流动特性的情况下随之进入反应器。与此同时，在反应器出口处检测示踪剂浓度 $c(t)$ 随时间的变化。整个过程可以用图 4.8.1 形象地描述。

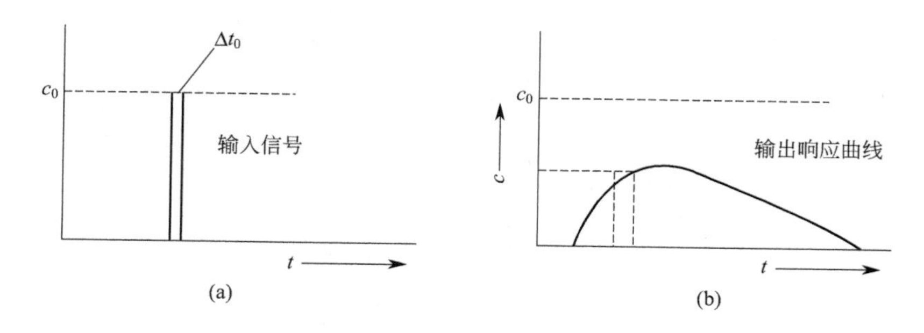

图 4.8.1　脉冲示踪法测定停留时间分布

在反应器出口处测得的示踪剂浓度 $c(t)$ 与时间 t 的关系曲线叫响应曲线。由概率论知识可知，概率分布密度函数 $E(t)$ 就是系统的停留时间分布密度函数。因此，$E(t)\mathrm{d}t$ 就代表了流体粒子在反应器内停留时间介于 t 到 $t+\mathrm{d}t$ 之间的概率。由响应曲线就可以计算出 $E(t)$ 与时间 t 的关系，并绘出 $E(t)$-t 关系曲线。计算方法是对反应器做示踪剂的物料衡算，即

$$E(t)\mathrm{d}t=\frac{vc(t)\mathrm{d}t}{Q} \tag{4.8.1}$$

式中，v 为主流体的流量；Q 为示踪剂的加入量。示踪剂的加入量可以用下式计算：

$$Q=\int_0^\infty vc(t)\mathrm{d}t \tag{4.8.2}$$

在 v 值不变的情况下，由式(4.8.1) 和式(4.8.2) 求出：

$$E(t)=\frac{c(t)}{\int_0^\infty c(t)\mathrm{d}t} \tag{4.8.3}$$

关于停留时间分布的另一个统计函数是停留时间分布函数 $F(t)$，即

$$F(t)=\int_0^t E(t)\mathrm{d}t \tag{4.8.4}$$

用停留时间分布密度函数 $E(t)$ 和停留时间分布函数 $F(t)$ 来描述系统的停留时间，给出了很好的统计分布规律。但是为了比较不同停留时间分布之间的差异，还需要引入另外两个统计特征值，即数学期望和方差。

对停留时间分布而言，数学期望就是平均停留时间 $\bar{t}$：

$$\bar{t}=\frac{\int_0^{\infty} tE(t)\mathrm{d}t}{\int_0^{\infty} E(t)\mathrm{d}t}=\int_0^{\infty} tE(t)\mathrm{d}t \tag{4.8.5}$$

若实验数据为离散型，则：

$$\bar{t}=\frac{\sum tE(t)\Delta t}{\sum E(t)\Delta t}=\frac{\sum tE(t)}{\sum E(t)} \tag{4.8.6}$$

因为实验中主流体流量 v 和示踪剂的加入量 Q 为定值，由式(4.8.1) 可知，$E(t)$ 和 $c(t)$ 成正比，而 $c(t)$ 和电导率 $L(t)$ 成正比，则 $E(t)$ 和 $L(t)$ 成正比。

$$\bar{t}=\frac{\sum tL(t)}{\sum L(t)} \tag{4.8.7}$$

方差则是停留时间分布的散度：

$$\sigma_{\mathrm{t}}^2=\frac{\int_0^{\infty} \bar{t}^2 E(t)\mathrm{d}t}{\int_0^{\infty} E(t)\mathrm{d}t}-\bar{t}^2 \tag{4.8.8}$$

若实验数据为离散型，则：

$$\sigma_t^2=\frac{\sum \bar{t}^2 E(t)}{\sum E(t)}-\bar{t}^2=\frac{\sum \bar{t}^2 L(t)}{\sum L(t)}-\bar{t}^2 \tag{4.8.9}$$

停留时间分布的无量纲方差：

$$\sigma_\theta^2=\frac{\sigma_t^2}{\bar{t}^2} \tag{4.8.10}$$

对活塞流反应器 $\sigma_\theta^2=0$；而对全混流反应器 $\sigma_\theta^2=1$；对介于上述两种理想反应器之间的非理想反应器可以用非理想流动模型来描述返混程度。

多釜串联模型是一种适合于返混程度较大的非理想流动模型，它把实际反应器看作是由 N 个全混流反应器所构成。多釜串联模型中的模型参数 N 与 σ_θ^2 的关系如下：

$$N=\frac{1}{\sigma_\theta^2} \tag{4.8.11}$$

N 等于某一值，意味着该反应器的返混程度相当于 N 个理想混合反应器串联的返混程度。很显然，N 越大，返混程度越小；N 越小，返混程度越大。对全混流反应器，$N=1$；对平推流反应器，$N\to\infty$。N 只是一个虚拟值，因此，N 可以是整数也可以是小数。

轴向扩散模型比较适用于描述返混程度较小的反应器，它是在平推流模型基础上再叠加轴向反向扩散项，是一种常用于描述管式和塔式反应器的非理想流动模型。贝克莱数 Pe 是轴向扩散模型的模型参数，其物理意义如下：

$$Pe=\frac{\text{对流传递速率}}{\text{扩散传递速率}} \tag{4.8.12}$$

很显然，Pe 越大，返混程度越小；Pe 越小，返混程度越大。对全混流反应器，$Pe\to 0$；对平推流反应器，$Pe\to\infty$。

对于 Pe 的求解，通常初值和边界条件是针对闭式系统的，有：

$$\bar{\theta}=1$$

$$\sigma_{\theta}^{2}=\frac{2}{Pe}-\frac{2}{Pe^{2}}(1-e^{-Pe}) \tag{4.8.13}$$

综上，本实验运用多釜串联模型描述单釜和三釜串联反应器的返混程度，运用轴向扩散模型描述管式和流化床反应器的返混程度。

四、预习与思考

（1）为什么要测定返混？

（2）为什么可以通过测定停留时间分布来研究返混？如何研究？

（3）为什么脉冲示踪法可以测得停留时间分布的概率密度函数？

（4）何为示踪剂？有何要求？为什么脉冲示踪法应该瞬间注入示踪剂？

（5）模型参数 N 与实验中反应釜的个数有何不同？为什么？

（6）四种反应器的返混程度有何不同？

五、实验装置基本情况

1. 实验装置流程图（图 4.8.2）

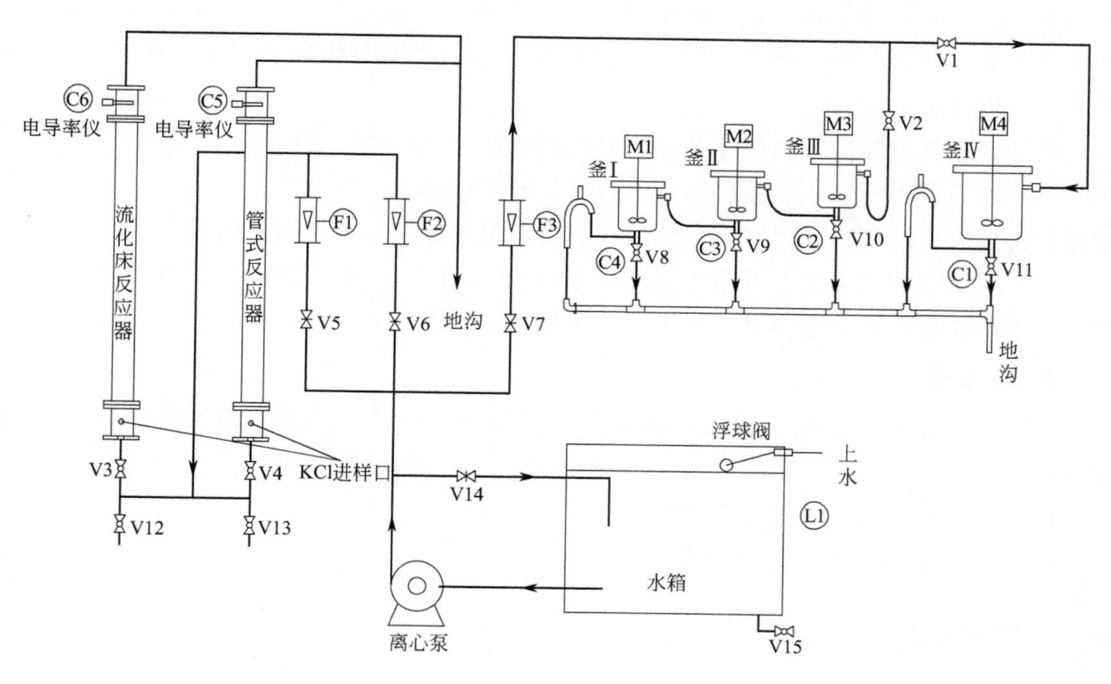

图 4.8.2　实验流程示意图

F—转子流量计；C—电导电极；M—无级调速电机；V—阀门

2. 实验装置主要技术参数

单釜式反应器：直径 160mm，高 120mm，有机玻璃制成，1 个。

多釜式反应器：直径 110mm，高 120mm，有机玻璃制成，3 个。

搅拌电机：25W，转速 90～1400r/min，无级变速调节。

液体（水）流量计：16～160L/h。

管式反应器：直径 57mm，高 1000mm，玻璃制成，内装直径 10mm 陶瓷填料。

流化床反应器：直径 57mm，高 1000mm，玻璃制成，内装 2mm 玻璃球。

六、实验操作方法及步骤

1. 准备工作

（1）配好饱和 KCl 液体待用，计算机开机待用。

（2）向水箱内注满蒸馏水（去离子水也可以）。

（3）检查电极导线连接是否正确。

2. 实验操作（以三釜为例）

（1）打开实验装置总电源开关，检查转子流量计及所有的阀门全部关闭，启动离心泵，缓慢打开旁路调节阀 V14，待旁路有水回到水箱，打开阀门 V2，慢慢打开进水转子流量计 F3 的阀门 V7。调节水流量维持在 20 L/h，调节Ⅱ形管，保证釜内液位稳定，并能正常地流出。

（2）开启反应釜搅拌电机开关，调节电机转速，使釜搅拌速度在 200r/min。

（3）打开实验程序，点击程序左上角电导曲线，同时向反应釜内注入 1mL 饱和 KCl 溶液，待所有示踪剂离开反应器，电导率的值恢复实验初始值可结束实验。

（4）待测试结束点击“计算”按钮，再按下程序左上角“保存”按钮保存数据文件，待保存结束后点击退出，可转入下一组实验。

3. 停车操作

（1）实验完毕，反应器的进水阀及出水阀全开，连续进清水冲洗管路，反复冲洗三、四次。

（2）关闭所有阀门、电源开关，打开釜底排水阀，将水排空。

（3）退出实验程序，关闭计算机。

七、注意事项

（1）实验对水质有一定要求，最好为蒸馏水（去离子水），以免损坏反应釜。

（2）实验途中要注意水箱液位，及时补水。

（3）实验结束后应反复冲洗实验管路及反应器，避免被药品腐蚀。

八、实验数据记录与处理

1. 实验原始数据记录

本实验为计算机在线采集数据并给出计算结果。数据处理要求抄写计算机保存的数据。其中，单釜（不同转速）、三釜串联、管式反应器的数据时间间隔取60s，流化床反应器的数据时间间隔取10s。

将实验的各项测定数据记录于表4.8.1～表4.8.3中。

表4.8.1　不同转速下单釜停留时间分布测定

序号	流量:20L/h;转速:150r/min		流量:20L/h;转速:200r/min	
	时间 t/s	电导率 $L(t)$/(μS/cm)	时间 t/s	电导率 $L(t)$/(μS/cm)
1				
2				
3				
4				
5				
6				
7				
8				
9				
10				
…				

表4.8.2　三釜停留时间分布测定

流量：20L/h；转速：200r/min

序号	时间 t /s	釜一电导率 $L(t)$ /(μS/cm)	釜二电导率 $L(t)$ /(μS/cm)	釜三电导率 $L(t)$ /(μS/cm)
1				
2				
3				
4				
5				
6				
7				
8				
9				
10				
…				

表 4.8.3 管式和流化床停留时间分布测定

序号	管式(流量:20L/h)		流化床(流量:200L/h)	
	时间 t/s	电导率 $L(t)$/(μS/cm)	时间 t/s	电导率 $L(t)$/(μS/cm)
1				
2				
3				
4				
5				
6				
7				
8				
9				
10				
…				

计算机计算结果：

单釜：

转速 150 r/min： 数学期望：________方差：________N：__________

转速 200r/min： 数学期望：______ 方差：________ N：__________

三釜：

釜一： 数学期望：________ 方差：________ N：__________

釜二： 数学期望：________ 方差：________ N：__________

釜三： 数学期望：________ 方差：________ N：__________

管式： 数学期望：________ 方差：________ Pe：__________

流化床：数学期望：________ 方差：________ Pe：__________

2. 实验数据处理

(1) 用 Excel 或 Origin 分别绘制单釜（不同转速）、三釜串联、管式反应器、流化床反应器的 $L(t)-t$ 曲线。

(2) 从表 4.8.1 和表 4.8.2 中任选一组实验数据（计算示例中的原始数据应区别于同组成员），用离散方法求解平均停留时间和方差，运用多釜串联模型求解模型参数 N，并与计算机计算结果比较，分析偏差原因。

(3) 从表 4.8.3 中任选一组实验数据（计算示例中的原始数据应区别于同组成员），用离散方法求解平均停留时间和方差，运用轴向扩散模型求解模型参数 Pe，并与计算机计算结果比较，分析偏差原因。

用离散方法求解平均停留时间和方差，将数据处理结果填入表 4.8.4 中。

表 4.8.4　离散方法求解平均停留时间和方差的数据处理过程

序号	t/s	$L(t)$/(μS/cm)	$tL(t)$/(s·μS/cm)	$t^2L(t)$/(s^2·μS/cm)
1				
2				
3				
4				
5				
6				
7				
8				
9				
10				
…				
求和				

九、数据分析与讨论

（1）运用多釜串联模型，讨论转速对釜式反应器返混程度的影响。

（2）运用多釜串联模型，讨论反应釜级数对釜式反应器返混程度的影响。

（3）运用轴向扩散模型，讨论管式和流化床反应器的返混程度。

（4）若也采用多釜串联模型来描述管式和流化床反应器的返混程度，根据计算机给出的数学期望和方差结果，计算管式和流化床反应器的模型参数 N，由此比较单釜、三釜串联、管式反应器、流化床反应器的返混程度。

（5）讨论如何限制或加大返混？

（6）提出对本实验的想法，包括实验装置的改进及实验数据的利用等。

实验九　固定床仿真

一、实验目的

（1）理解催化加氢脱乙炔的反应特点及影响因素；

（2）认识固定床反应器、板式换热器、列管式反应器、闪蒸罐等主要设备的结构和原理；

（3）具备固定床反应器正常开、停车的操作能力，并能够分析温度、压力等操作参数对固定床反应过程的影响，提出正确的处理方案；

（4）能够识别生产过程中的危险因素，通过应急演练能够正确进行应急事故处理，并采取应急救援措施。

二、实验内容

(1) 对照现场，梳理催化加氢脱乙炔反应工艺流程；

(2) 按照安全行为规范制定“安全行为规范及安全行为负面清单”；

(3) 巡检流程及情况汇报模拟练习；

(4) 固定床反应器开、停车并记录运行数据，根据运行数据评价工艺指标控制情况；

(5) 制定并讨论事故应急处理预案，按角色分工进行固定床反应器事故应急处理(包括劳动防护用品的使用、灭火器的使用、正压空气呼吸器的使用及心脏复苏模拟人使用)。

三、实验原理

本实验涉及催化加氢脱乙炔的工艺，乙炔通过等温加氢反应器去除，反应器温度由壳侧中冷剂温度控制。

主反应为：$C_2H_2 + 2H_2 \rightleftharpoons C_2H_6$，放热反应，乙炔反应后放出热量约为34000kcal/g。

反应温度超过66℃时有副反应发生，副反应为 $2C_2H_4 \rightleftharpoons C_4H_8$，放热反应。

冷却介质为液态丁烷，通过丁烷蒸发带走反应器中的热量，丁烷蒸气通过冷却水冷凝。

四、安全操作要点

1. 安全行为规范

遵守固定床反应器开、停车等操作的注意事项和具体操作的行为规范，能够确保安全操作和装置安全稳定运行。固定床反应器作业安全行为规范如表4.9.1所示。

表4.9.1 固定床反应器作业安全行为规范

法律法规纪律方面	个体防护及自救方面	直接作业环节方面
1. 自觉遵守各项纪律法规	1. 实习员工应清楚装置有害因素和危险源	1. 实习员工应在教师带领下进入生产装置
2. 严格执行各项安全管理制度	2. 实习员工应熟知劳动保护防护标准及要求	2. 未经教师允许，不得擅自进行任何操作
3. 严格按照操作规程、操作手册、作业指导书、工艺卡片等要求，规范生产实习	3. 实习员工会配备并使用必要的安全工具	3. 如需操作应在教师的监督指导下完成
4. 严格遵守“三项纪律”——劳动纪律、工艺纪律、操作纪律	4. 具备一定的疏散逃生技能	4. 实习员工应做到“四不伤害”——不伤害自己、不伤害他人、不被他人伤害、保证他人不被伤害

续表

法律法规纪律方面	个体防护及自救方面	直接作业环节方面
5. 实习员工应熟知并杜绝出现安全负面清单行为		5. 实习员工参加学习培训，应按正常生产工作标准认真对待
6. 清楚并严格遵守岗位职责		6. 员工有权拒绝不安全的工作、有权拒绝违章指挥、有权制止不安全行为
7. 清楚并严格遵守 HSSE 职责		

2. 劳保防护用品正确使用

劳保防护用品是对人身安全防护及有益于身心健康的日常物品，每个安全生产作业者的人身安全都离不开劳保防护用品的保护。劳保防护用品的种类如表 4.9.2 所示。

表 4.9.2 劳保防护用品的种类

序号	防护部位	用品名称
1	头部	安全帽
2	呼吸器官	过滤式防毒面罩、正压式呼吸器
3	眼(面部)	防护眼镜、防护面罩
4	听觉器官	护耳罩
5	手部	手套
6	躯干	工装、工裤
7	足部	安全防护鞋
8	坠落及其他	高空作业安全带

根据不同条件，应配备的劳保防护用品见表 4.9.3。

表 4.9.3 不同环境下应配备的劳动防护用品

序号	名称	作业环境	正常巡检	噪声环境	污染环境	采样	盘车
1	安全帽	√	√	√	√	√	√
2	防护眼镜	√	√	√	√	√	√
3	护耳罩			√			
4	过滤式防毒面罩	√			√	√	
5	正压式呼吸器	√			√	√	
6	对讲机	√	√			√	√
7	四合一报警仪	√	√	√	√	√	√
8	工装	√	√	√	√	√	√
9	手套	√				√	
10	工裤	√	√	√	√	√	√
11	三防鞋	√	√	√	√	√	√

3. 空气呼吸器的使用

空气呼吸器是一种自给开放式呼吸器，广泛应用于消防、化工、船舶、石油、冶炼、仓库、实验室、矿山等部门，供消防员或抢险救护人员在浓烟、毒气、蒸汽或缺氧等各种环境下安全有效地进行灭火、抢险救灾和救护工作。空气呼吸器佩戴10步法：

① 开　打开气瓶阀（旋转手轮两圈以上，最好全部打开）。

② 看　观看压力表是否符合标准（不低于气瓶标准压力的80%）。

③ 背　将空气呼吸器瓶阀朝下背在身上（正背式）。

④ 拉　拉背带（身体轻跳带动气瓶上提，调整肩带至合适位置拉紧）。

⑤ 扣　扣腰带和胸带（腰带扣好后，拉紧至合适位置）。

⑥ 挂　将面罩带套至颈部，面罩挂在胸前，调整好方向。

⑦ 帽　戴安全帽。帽带挂至颈部，安全帽推至脑后。

⑧ 戴　戴好空气呼吸器面罩，面罩带从下往上依次两侧同时拉紧。

⑨ 检　检查面罩气密性（用手捂住面罩连接口吸气，感觉面罩密封圈是否有负压产生）。

⑩ 扶　扶正安全帽，举手示意佩戴完成。

4. 二氧化碳灭火器的使用

二氧化碳灭火器主要依靠窒息作用和部分冷却作用灭火。二氧化碳具有较高的密度，约为空气的1.5倍。在常压下，液态的二氧化碳会立即汽化，一般1kg的液态二氧化碳可产生约0.5m^3的气体。因此，灭火时，二氧化碳气体可以排除空气而包围在燃烧物体的表面或分布于较密闭的空间中，降低可燃物周围或防护空间内的氧浓度，产生窒息作用而灭火。另外，二氧化碳从储存容器中喷出时，会由液体迅速汽化成气体，吸收周围环境中的热量，起到冷却的作用。

二氧化碳灭火器主要用于扑救贵重设备、档案资料、仪器仪表、600V以下电气设备及油类的初起火灾。在使用时，应首先将灭火器提到起火地点，放下灭火器，拔出保险销，一只手握住喇叭筒根部的手柄，另一只手紧握启闭阀的压把。对没有喷射软管的二氧化碳灭火器，应把喇叭筒往上扳70°～90°。使用时，不能直接用手抓住喇叭筒外壁或金属连接管，防止手被冻伤。使用二氧化碳灭火器时，在室外应选择上风方向喷射；在室内窄小空间时，灭火后操作者应迅速离开，以防窒息。

5. 急救方法的掌握

① 准备工作

a. 现场人员将伤者移至上风阴凉处呈仰卧状。

b. 在离伤者鼻孔的5mm处，用指腹检查是否有呼吸，同时轻按伤者颈部，观察是否有搏动。

c. 现场人员可脱下上装叠好，置于伤者颈部，将颈部垫高，让呼吸道保持畅通。

d. 检查并清除伤者口腔中异物。若伤者带有假牙，则必须将假牙取出，防止阻塞呼吸道。

② 人工呼吸法

a. 将手帕置于伤者口唇上，施救者先深吸一口气。

b. 一手捏住伤者鼻孔，以防漏气，另一手托起伤者下颌，嘴唇封住伤者张开的嘴巴，用口将气经口腔吹入伤者肺部。

c. 松开捏鼻子的手使伤者将气呼出。注意此时施救者人员，必须将头转向一侧，防止伤者呼出的废气造成再伤害。

d. 救护换气时，放松触电者的嘴和鼻，让其自动呼吸，此时触电者有轻微自然呼吸时，人工呼吸与其规律保持一致。当自然呼吸有好转时，人工呼吸可停止，并观察触电者呼吸有无复原或呼吸梗阻现象。人工呼吸每分钟大约进行14～16次，连续不断地进行，直至恢复自然呼吸为止，做人工呼吸同时，要为伤者施行心脏按压。

③ 心脏复苏方法

a. 挤压部位为胸部骨中心下半段，即心窝稍高，两乳头略低，胸骨下三分之一处。

b. 救护人两臂关节伸直，将一只手掌根部置于挤压部分，另一只手压在该手背上，五指翘起，以免损伤肋骨，采用冲击式向脊椎方向压迫，使胸部下陷3～4cm，成人做60～80次按压，5min后，随即放松。

c. 二人操作时，对心脏每挤压4次，进行一次口对口人工呼吸；一人操作时，则比例为15∶2。当观察到伤者颈动脉开始搏动，就要停止挤压，但应继续做口对口人工呼吸。在施救过程中，要注意检查和观察伤者的呼吸与颈动脉搏动情况。一旦伤者心脏复苏，立即转送医院做进一步的治疗。

6. 巡检流程及情况汇报

化工企业生产的特点是高温、高压、易燃、易爆、连续性强。而巡检是工厂正常生产的保证。在巡检过程中，要求操作工不仅要熟悉本岗位的操作与流程，而且要按时按照巡回检查路线把所负责的重要设备、管道、阀门、电器、仪表、控制的工艺参数等进行细致检查，确保无安全隐患，并将检查情况做好记录。

① 巡检一定要定时。在夏季和冬季，一些员工不喜欢到外面巡检，或是在巡检过程中偷工减料，巡检不到位、不够时，时间一长就极易发生事故。定时巡检的制度是结合化工生产特点制定的，不能违背，否则小事故最终酿成大危害，小跑冒也会酿成大泄漏。因此，必须对巡检人员的路线和巡检时间进行精确的计划。

② 巡检一定要创新。传统的巡检模式只是到现场查看、记录数据、填好报表，基本上对数据不进行分析和管理，这样就造就了很多化工企业的“双胞胎”报表。如果能学习国外企业，采用化工设备GPS智能巡检系统，对巡检现场和巡检人员进行有效管理，巡检成效则会更上一层楼。

③ 巡检一定要有侧重。化工设备巡检应该结合生产特点和实践经验，对易发生隐患的地方要重点巡检，特别是重大危险源、高压塔罐、电气设备、运转设备等。在暑热寒冬时节，还应对设备管道的跑冒滴漏、压力数值、温度值、线路连接等进行重点检查，通过摸振动、听声音等技巧，并通过查看巡检历史数据，掌握运转设备的规律，让事故可控、可防。

④ 巡检一定要有责任心。员工是巡检中的第一操作人员，在巡检中一定要结合装置特点，处处留心，从自己的专业技能角度，采取“望、闻、听、摸”等有效的措施，给装置问诊把脉，用心查看装置的各项参数指标，对比运行状况加以识别和评估，及时发现问题所在，避免事故。

⑤ 外操人员巡检时发现问题时需立刻向班长汇报问题，内容要有明确的地点，情况的严重程度，有无人员受伤，报告完成要有明确结束语，示例如下：

外操人员：“报告班长，巡检发现反应器 ER424A 出口法兰发生泄漏，疑似工艺气体并导致着火，火情不大，现场暂无人员伤亡，汇报完毕。”

班长：“收到，完毕。”之后班长启动应急预案。

五、预习与思考

(1) 列管式固定床反应器优缺点有哪些？

(2) 固定床反应器冷态开车前应有哪些准备工作？

(3) 固定床反应器的主要工艺控制点有哪些？控制方案分别是什么？

(4) 固定床反应器操作不当、温度控制不严时会发生飞温，试分析反应器飞温的危害有哪些？哪些错误操作会导致飞温？如何避免飞温？

(5) 正常操作时，哪些生产波动会造成反应器出口分析不合格？

(6) 分析催化加氢生产过程中的危险因素有哪些？

六、实验装置基本情况

1. 实验设备主要参数

如图 4.9.1 所示，反应原料分两股，一股为约－15℃的以 C_2 为主的烃原料，进料量由流量控制器 FIC1425 控制；另一股为 H_2 与 CH_4 的混合气，温度约 10℃，进料量由流量控制器 FIC1427 控制。FIC1425 与 FIC1427 为比值控制，两股原料按一定比例在管线中混合后经原料气/反应气换热器（EH423）预热，再经原料预热器（EH424）预热到 38℃，进入固定床反应器（ER424A/B）。预热温度由温度控制器 TIC1466 通过调节预热器 EH424 加热蒸汽（S3）的流量来控制。

ER424A/B 中的反应原料在 2.523MPa、44℃下反应生成 C_2H_6。当温度过高时会发生 C_2H_4 聚合生成 C_4H_8 的副反应。反应器中的热量由反应器壳侧循环的加压 C_4 冷剂蒸发带走。C_4 蒸气在水冷器 EH429 中由冷却水冷凝，而 C_4 冷剂的压力由压力控制器 PIC1426 通过调节 C_4 蒸气冷凝回流量来控制，从而保持 C_4 冷剂的温度。

2. 本单元复杂控制回路说明

FFI1427：比值调节器。根据 FIC1425（以 C_2 为主的烃原料）的流量，按一定的比例，相适应地调整 FIC1427（H_2）的流量。

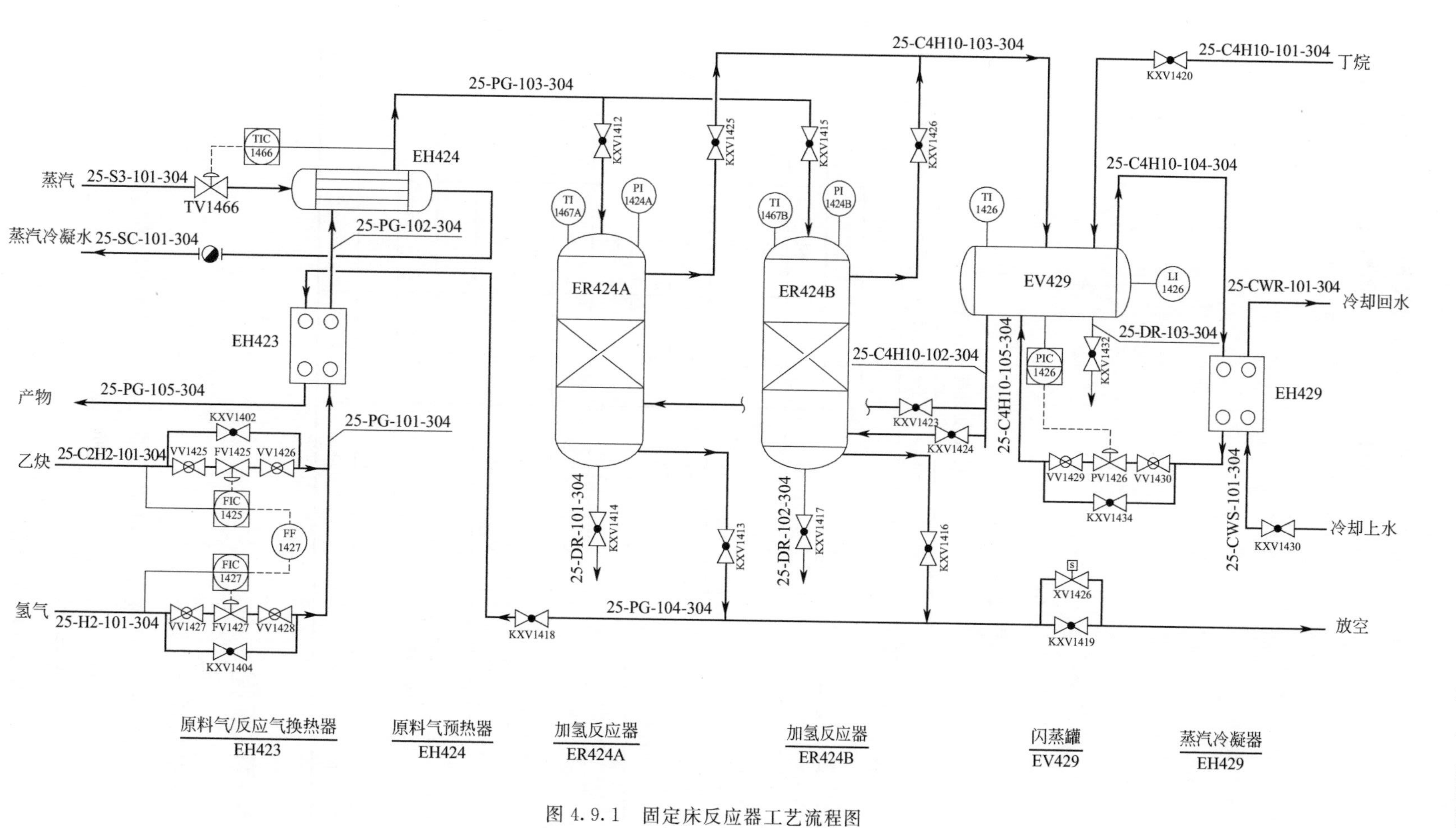

图 4.9.1　固定床反应器工艺流程图

比值调节：工业上为了保持两种或两种以上物料的比例为一定值的调节叫比值调节。对于比值调节系统，首先是要明确主物料，而另一种物料按主物料来配比。在本单元中，FIC1425（以 C_2 为主的烃原料）为主物料，而 FIC1427（H_2）的量是随主物料（以 C_2 为主的烃原料）的量的变化而改变。

3. 设备一览

EH423：原料气/反应气换热器。

EH424：原料气预热器。

EH429：C_4 蒸气冷凝器。

EV429：C_4 闪蒸罐。

ER424A/B：C_2X 加氢反应器。

4. 仪表及报警一览表（表 4.9.4）

表 4.9.4 仪表及报警一览表

位号	说明	类型	量程高限	量程低限	工程单位	报警上限	报警下限
PIC1426	EV429 罐压力控制	PID	1.0	0.0	MPa	0.70	无
TIC1466	EH423 出口温度控制	PID	80.0	0.0	℃	43.0	无
FIC1425	C_2X 流量控制	PID	700000.0	0.0	kg/h	无	无
FIC1427	H_2 流量控制	PID	300.0	0.0	kg/h	无	无
FIC1425	C_2X 流量	PV	700000.0	0.0	kg/h	无	无
FIC1427	H_2 流量	PV	300.0	0.0	kg/h	无	无
TIC1466	EH423 出口温度	PV	80.0	0.0	℃	43.0	无
TI1467A	ER424A 温度	PV	400.0	0.0	℃	48.0	无
TI1467B	ER424B 温度	PV	400.0	0.0	℃	48.0	无
PIC1426	EV429 压力	PV	1.0	0.0	MPa	0.70	无
LI1426	EV429 液位	PV	100	0.0	%	80.0	20.0
AT1428	ER424A 出口氢浓度	PV	200000.0	$\times10^{-6}$	90.0	无	无
AT1429	ER424A 出口乙炔浓度	PV	1000000.0	$\times10^{-6}$	无	无	无
AT1430	ER424B 出口氢浓度	PV	200000.0	$\times10^{-6}$	90.0	无	无
AT1431	ER424B 出口乙炔浓度	PV	1000000.0	$\times10^{-6}$	无	无	无

七、实验操作规程

1. 开车操作规程

装置的开工状态为反应器和闪蒸罐都处于已进行过氮气冲压置换后，保压在 0.03MPa 状态。可以直接进行实气冲压置换。

（1）EV429 闪蒸器充丁烷

① 确认 EV429 压力为 0.03MPa。

② 打开 EV429 回流阀 PV1426 的前后阀 VV1429、VV1430。

③ 调节 PV1426（PIC1426）阀开度为 50%。

④ EH429 通冷却水，打开 KXV1430，开度为 50%。

⑤ 打开 EV429 的丁烷进料阀门 KXV1420，开度为 50%。

⑥ 当 EV429 液位到达 50%时，关进料阀 KXV1420。

（2）ER424A 反应器充丁烷

① 确认事项

a. 反应器 0.03MPa 保压。

b. EV429 液位到达 50%。

② 充丁烷。打开丁烷冷剂进 ER424A 壳层的阀门 KXV1423，有液体流过，充液结束；同时打开出 ER424A 壳层的阀门 KXV1425。

（3）ER424A 启动

① 启动前准备工作

a. ER424A 壳层有液体流过。

b. 打开 S3 蒸汽进料控制 TIC1466。

c. 调节 PIC1426 设定，压力控制设定在 0.4MPa。

② ER424A 充压、实气置换

a. 打开 FIC1425 的前后阀 VV1425、VV1426 和 KXV1412。

b. 打开阀 KXV1418。

c. 微开 ER424A 出料阀 KXV1413，丁烷进料控制 FIC1425（手动），慢慢增加进料，提高反应器压力，充压至 2.523MPa。

d. 慢开 ER424A 出料阀 KXV1413 至 50%，充压至压力平衡。

e. 乙炔原料进料控制 FIC1425 设自动，设定值 56186.8kg/h。

③ ER424A 配氢，调整丁烷冷剂压力

a. 稳定反应器入口温度在 38.0℃，使 ER424A 升温。

b. 当反应器温度接近 38.0℃（超过 35.0℃）时，准备配氢。打开 FV1427 的前后阀 VV1427、VV1428。

c. 氢气进料控制 FIC1427 设自动，流量设定在 80kg/h。

d. 观察反应器温度变化，当氢气量稳定后，FIC1427 设手动。

e. 缓慢增加氢气量，注意观察反应器温度变化。

f. 氢气流量控制阀开度每次增加不超过 5%。

g. 氢气量最终加至 200kg/h 左右，此时 H_2/C_2=2.0，FIC1427 设串级。

h. 控制反应器温度为 44.0℃左右。

2. 正常操作规程

（1）正常工况下工艺参数

① 正常运行时，反应器温度 TI1467A 44.0℃，压力 PI1424A 控制在 2.523MPa。

② FIC1425 设自动，设定值 56186.8kg/h，FIC1427 设串级。

③ PIC1426 压力控制在 0.4MPa，EV429 温度 TI1426 控制在 38.0℃。

④ TIC1466 设自动，设定值 38.0℃。

⑤ ER424A 出口氢气浓度低于 50×10^{-6}，乙炔浓度低于 200×10^{-6}。

⑥ EV429 液位 LI1426 为 50%。

(2) ER424A 与 ER424B 间切换

① 关闭氢气进料。

② ER424A 温度下降至低于 38.0℃后，打开 C_4 冷剂进 ER424B 的阀 KXV1424、KXV1426，关闭 C_4 冷剂进 ER424A 的阀 KXV1423、KXV1425。

③ 开 C_2H_2 进 ER424B 的阀 KXV1415，微开 KXV1416。关 C_2H_2 进 ER424A 的阀 KXV1412。

(3) ER424B 的操作

ER424B 的操作与 ER424A 操作相同。

3. 停车操作规程

(1) 正常停车

① 关闭氢气进料，关 VV1427、VV1428，FIC1427 设手动，设定值为 0%。

② 关闭加热器 EH424 蒸汽进料，TIC1466 设手动，开度 0%。

③ 闪蒸器冷凝回流控制 PIC1426 设手动，开度 100%。

④ 逐渐减少乙炔进料，开大 EH429 冷却水进料。

⑤ 逐渐降低反应器温度、压力，至常温、常压。

⑥ 逐渐降低闪蒸器温度、压力，至常温、常压。

(2) 紧急停车

① 与停车操作规程相同。

② 也可按急停车按钮（在现场操作图上）。

4. 联锁说明

该单元分别有一联锁，一复位按钮。

(1) 联锁源

① 现场手动紧急停车（紧急停车按钮）。

② 反应器温度高报（TI1467A/B>66℃）。

(2) 联锁动作

① 关闭氢气进料，FIC1427 设手动。

② 关闭加热器 EH424 蒸汽进料，TIC1466 设手动。

③ 闪蒸器冷凝回流控制 PIC1426 设手动，开度 100%。

④ 自动打开电磁阀 XV1426。

在复位前，应首先确定反应器温度已降回正常，同时处于手动状态的各控制点应设成最低值。

八、事故处理

1. 氢气进料阀卡住

原因：FIC1427 卡在 20%处。

现象：氢气量无法自动调节。

处理：降低 EH429 冷却水的量。用旁路阀 KXV1404 手工调节氢气量。

2. 预热器 EH424 阀卡住

原因：TIC1466 卡在 70%处。

现象：换热器出口温度超高。

处理：增加 EH429 冷却水的量。减少配氢量。

3. 闪蒸罐压力调节阀卡

原因：PIC1426 卡在 20%处。

现象：闪蒸罐压力、温度超高。

处理：增加 EH429 冷却水的量。用旁路阀 KXV1434 手工调节。

4. 反应器漏气

原因：反应器漏气，KXV1414 卡在 50%处。

现象：反应器压力迅速降低。

处理：停工。

5. EH429 冷却水停

原因：EH429 冷却水供应停止。

现象：闪蒸罐压力、温度超高。

处理：停工。

6. 反应器超温

原因：闪蒸罐通向反应器的管路有堵塞。

现象：反应器温度超高，会引发乙烯聚合的副反应。

处理：增加 EH429 冷却水的量。

九、实验数据记录

1. 人员分配（表 4.9.5）

表 4.9.5　人员分配

序号	内容	操作工姓名	危险点	准备工具
1	确认流程			
2	EV429 闪蒸器充丁烷			
3	ER424A 反应器充丁烷			
4	ER424A 启动			
5	正常工况下工艺参数			
6	ER424A 与 ER424B 间切换			

2. 由班组人员按操作完成操作并记录数据（表 4.9.6）

表 4.9.6 检查项目及数据记录

序号	检查项目	内容	参数	记录 1	记录 2	记录 3	时间
1	装置	氢气进料量	kg/h				
2	装置	乙炔进料量	kg/h				
3	反应器 ER424A	温度	℃				
4	反应器 ER424A	压力	MPa				
5	反应器 ER424B	温度	℃				
6	反应器 ER424B	压力	MPa				
7	闪蒸罐 EV429	液位	m				
8	闪蒸罐 EV429	温度	℃				
9	闪蒸罐 EV429	压力	MPa				

3. 编制固定床反应器装置应急预案（表 4.9.7）

表 4.9.7 应急预案

演练名称：____________	
演练时间	____年____月____日
演练地点	固定床装置区
模拟场景	
考察内容	应急反应； 火灾扑救； 指挥调度； 人员疏散
评分教师	
演练小组成员	1. 姓名：__________，班级：__________，学号：__________； 2. 姓名：__________，班级：__________，学号：__________； 3. 姓名：__________，班级：__________，学号：__________； 4. 姓名：__________，班级：__________，学号：__________
实训道具	正压式呼吸器 2 台、防毒面具 3 个、工作服 8 套、安全帽 8 个、灭火器 3 个、警戒隔离带 1 个、心肺复苏模拟人 1 套(若为一层事故演练，提前将相关道具置于一层安全区)
角色分配	值班长 1 名 安全员 1 名 外操 1～2 名 内操 1～2 名
演练注意事项	选定区域附近必须将现场杂物清除干净 人员疏散时不得打闹 应急救援队员抢险时，人必须在安全区域内 为保证演练的顺利进行，在演练过程中，严禁无关人员进入应急区域 演练结束后由教师总结并宣布演练结束，任何人不得提前离开集合场地 演练结束后要安排人员清理好现场

续表

特殊情况下终止演练程序	演练过程中，演练人员、观摩人员出现人身伤害事故 演练时现场发生安全事故，需要转入真正的现场抢险救援 特殊事件
演练流程	

十、数据分析与讨论

（1）讨论固定床反应器温度的控制要点。

（2）讨论固定床反应器压力的控制要点。

（3）讨论固定床反应器出口产品质量的控制要点。

（4）提出开车、停车方案的修改意见。

附　　录

化工专业实验报告样例

实验名称________________________________

班级__________ 姓名__________ 学号__________ 成绩__________

实验日期______________ 同组成员______________

实验设备名称及编号________________________

一、实验预习

1. 实验概述（简述目的、原理、流程装置；写清步骤）

2. 安全、环保、健康［查阅并写出本实验可能用到的试剂，MSDS（化学品安全技术说明书），仪器设备安全操作注意事项，实验废弃物处置注意事项，实验人员个人防护注意事项，分析实验过程危险性等］

3. 预习思考题

（1）为什么要测定返混？

（2）为什么可以通过测定停留时间分布来研究返混？如何研究？

（3）为什么脉冲示踪法可以测得停留时间分布的概率密度函数？

（4）何为示踪剂？有何要求？为什么脉冲示踪法应该瞬间注入示踪剂？
（5）模型参数 N 与实验中反应釜的个数有何不同？为什么？
（6）四种反应器的返混程度有何不同？

二、实验过程

实验日期________　气压________　室温________　气象情况________

1. 原始数据（包括操作条件、原始数据记录表，注意有效数字、单位格式）

表 1　不同转速下单釜停留时间分布测定

序号	流量:20L/h;转速:150r/min		流量:20L/h;转速:200r/min	
	时间 t/s	电导率 $L(t)$/(μS/cm)	时间 t/s	电导率 $L(t)$/(μS/cm)
1				
2				
3				
4				
5				
…				

表 2　三釜停留时间分布测定

流量：20L/h；转速：200r/min

序号	时间 t/s	釜一电导率 $L(t)$/(μS/cm)	釜二电导率 $L(t)$/(μS/cm)	釜三电导率 $L(t)$/(μS/cm)
1				
2				

续表

序号	时间 t/s	釜一电导率 $L(t)$/(μS/cm)	釜二电导率 $L(t)$/(μS/cm)	釜三电导率 $L(t)$/(μS/cm)
3				
4				
5				
…				

表 3　管式和流化床停留时间分布测定

序号	管式(流量:20L/h)		流化床(流量:200L/h)	
	时间 t/s	电导率 $L(t)$/(μS/cm)	时间 t/s	电导率 $L(t)$/(μS/cm)
1				
2				
3				
4				
5				
…				

2. 计算机计算结果

单釜：

转速 150r/min：数学期望：________ 方差：________ N：________

转速 200r/min：数学期望：________ 方差：________ N：________

三釜：

釜一：　数学期望：________ 方差：________ N：________

釜二：　数学期望：________ 方差：________ N：________

釜三：　数学期望：________ 方差：________ N：________

管式：　数学期望：________ 方差：________ Pe：________

流化床：数学期望：________ 方差：________ Pe：________

三、实验数据处理

1. 数据处理方法（计算举例，案例中的原始数据应区别于同组成员）

2. 数据处理结果（计算结果列表，数据图及表要求计算机绘制、打印粘贴）

四、结果讨论

1. 结果与讨论（对照已有模型或原理比较实验数据，讨论数据的有效性、应用的局限性）

（1）运用多釜串联模型，讨论转速对釜式反应器返混程度的影响。

（2）运用多釜串联模型，讨论反应釜级数对釜式反应器返混程度的影响。

（3）运用轴向扩散模型，讨论管式和流化床反应器的返混程度。

（4）若也采用多釜串联模型来描述管式和流化床反应器的返混程度，根据计算机给出的数学期望和方差结果，计算管式和流化床反应器的模型参数 N，由此比较单釜、三釜串联、管式反应器、流化床反应器的返混程度。

（5）讨论如何限制或加大返混。

（6）提出对本实验的想法，包括实验装置的改进及实验数据的利用等。

2. 实验结论

五、自我评估

(1) 评估个人在团队中的贡献度，列举个人在实验中遇到的问题及解决办法。

(2) 对实验项目的建设性意见。

实验综合评分表：

项目	实验预习			实验过程			实验数据处理		结果讨论	自我评估	格式规范	总分
	实验概述	安全、环保、健康	预习思考题	课堂讨论	操作规范	原始数据	数据处理方法	数据处理结果				
分值	10	3	12	5	10	10	10	10	20	5	5	100
得分												

指导教师评阅意见：

教师签名：__________

日　　期：__________

参 考 文 献

［1］ 陈敏恒，陆仁杰．化工过程开发中的实验研究方法［J］．石油化工，1981，10（9）：634-640.

［2］ 戴毓，陈媛．浅谈在线分析仪表在石油化工生产中的应用［J］．科技创新导报，2019.

［3］ 安立芬．浅析在线分析仪表的特点及应用［J］．技术探讨，2014，4（25）．

［4］ 彭勇，崔琳，丁立，等．化工实验教学中化工安全价值观的塑造［J］．实验技术与管理，2015，32（11）：234-236.

［5］ 修景海，张艳．通过专业认证促进化工实验室安全文化建设［J］．实验室科学，2017，20（2）：212-215.

［6］ 郭泉辉，汤雁婷，李娟，等．新形势下化工类实验室安全隐患分析与防控［J］．河南化工，2019，36（2）：52-57.